"十三五"高等学校规划教材

大学计算机基础项目化实训

主　编　于小川　李　刚　杨丽丽

副主编　陈　雅　李　翠　曹科　何　力

主　审　蒋　萍

U0316992

中国铁道出版社有限公司

CHINA RAILWAY PUBLISHING HOUSE CO., LTD.

内 容 简 介

本书为《大学计算机基础项目化教程》的配套用书。全书分为两部分:第一部分为上机指导,针对《大学计算机基础项目化教程》的各章主要内容,明确实训目的,结合项目设计安排相应的实训内容,共精选出 19 个项目实训,每个实训都给出具体的操作步骤,帮助学生尽快掌握必备的操作技能。第二部分为习题集,主要是根据《大学计算机基础项目化教程》各章节内容制作了大量理论知识习题,以帮助学生进一步掌握和巩固所学知识。另外书中还提供了第二部分习题集的部分参考答案。

本书既安排了注重实际操作技能的训练,又制作了巩固理论知识的习题,具有项目化、面向应用,理论与实践相结合的特点。

本书可作为普通高等院校计算机信息技术基础等课程的实训指导书,也可作为广大计算机爱好者的自学参考书。

图书在版编目(CIP)数据

大学计算机基础项目化实训/于小川,李刚,杨丽丽主编 . —北京:中国铁道出版社有限公司,2020.9(2024.9 重印)

"十三五"高等学校规划教材

ISBN 978-7-113-27208-1

Ⅰ.①大… Ⅱ.①于… ②李… ③杨… Ⅲ.①电子计算机–高等学校–教材 Ⅳ.①TP3

中国版本图书馆 CIP 数据核字(2020)第 163608 号

书　　名:**大学计算机基础项目化实训**

作　　者:于小川　李　刚　杨丽丽

策　　划:尹　鹏　王春霞　　　　　　　　编辑部电话:(010)63551006

责任编辑:王春霞　许　璐

封面设计:刘　颖

责任校对:张玉华

责任印制:樊启鹏

出版发行:中国铁道出版社有限公司(100054,北京市西城区右安门西街 8 号)

网　　址:https://www.tdpress.com/51eds/

印　　刷:三河市宏盛印务有限公司

版　　次:2020 年 9 月第 1 版　2024 年 9 月第 3 次印刷

开　　本:850 mm×1 168 mm　1/16　印张:7.25　字数:168 千

书　　号:ISBN 978-7-113-27208-1

定　　价:24.80 元

前　言

信息技术发展至今,熟练使用计算机及了解以计算机为核心的信息技术的基础知识、原理和方法,已成为每个大学毕业生必备的技能和素质。为进一步推进高校计算机信息技术基础教育,我们编写了《大学计算机基础项目化教程》(于小川、蒋萍、庞康主编)一书。同时为了更好地完成"计算机应用基础"课程的教学目标,针对大学非计算机专业学生的实际情况,结合多年来的教学经验,我们还编写了《大学计算机基础项目化实训》。《大学计算机基础项目化实训》与《大学计算机基础项目化教程》内容互补,但更侧重于练习和实践,从而有利于提高学生利用计算机信息技术解决实际问题的能力。

本书分为两部分。第一部分为上机指导,针对《大学计算机基础项目化教程》的内容设计了 19 个实训项目,每个项目都明确了实训目的,并且给出了详细的操作步骤。第二部分为习题集,主要是针对《大学计算机基础项目化教程》的各章内容精选出的习题,并提供了部分习题参考答案。本书内容新颖,面向项目应用,重视培养学生实践操作能力,可满足多层次分级教学和不同学时教学需要,适合不同基础的学生学习。

本书由于小川、李刚、杨丽丽任主编,陈雅、李翠、曹科、何力任副主编,蒋萍任主审。编写分工如下:第一部分实训项目一～三由蒋萍、梁小宇、黄艳琼编写,实训项目四～七由莫晓宇、杨丽丽编写,实训项目八～十一由庞康、左倪娜编写,实训项目十二～十五由刘灿锋、曹科编写,实训项目十六～十九由庞康、李翠编写;第二部分项目一由蒋萍、梁小宇、黄艳琼编写,项目二由李刚、陈雅、何力编写,项目三由莫晓宇、杨丽丽编写,项目四由庞康、左倪娜编写,项目五由刘灿锋、曹科编写,项目六由庞康、李翠编写。全书由于小川教授统稿并担任第一主编,李刚、杨丽丽为教材组稿、修订做了大量卓有成效的工作。蒋萍副教授任主审,审阅了书稿并提出了很多宝贵意见。

在编写过程中,为提高本书的实用性,编者们广泛查阅资料,力求精益求精,但书中仍可能存在不足之处,欢迎广大读者批评指正。

编　者
2020 年 6 月

目 录

第一部分 上机指导

第二部分 习 题 集

第一部分

上机指导

实训项目一

编辑左氧氟沙星滴眼液说明书

制作一份左氧氟沙星滴眼液说明书文档，文档效果如图 1-1 所示。

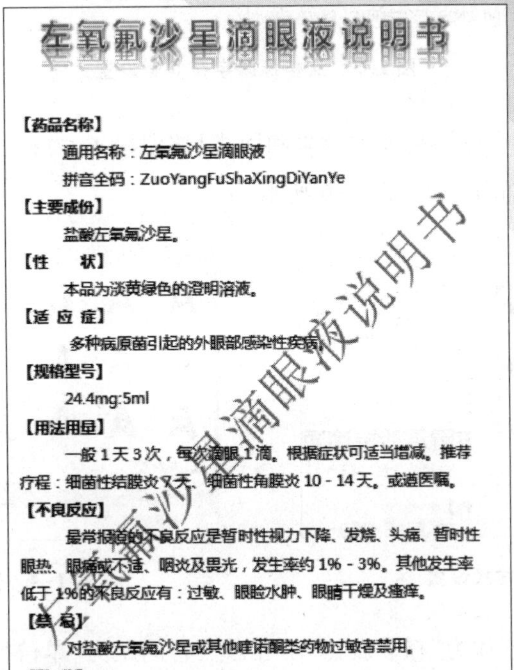

左氧氟沙星滴眼液说明书

【药品名称】

通用名称：左氧氟沙星滴眼液

拼音全码：ZuoYangFuShaXingDiYanYe

【主要成份】

盐酸左氧氟沙星。

【性　状】

本品为淡黄绿色的澄明溶液。

【适 应 症】

多种病原菌引起的外眼部感染性疾病。

【规格型号】

24.4mg:5ml

【用法用量】

一般 1 天 3 次，每次滴眼 1 滴。根据症状可适当增减。推荐疗程：细菌性结膜炎 7 天、细菌性角膜炎 10 - 14 天。或遵医嘱。

【不良反应】

最常报道的不良反应是暂时性视力下降、发烧、头痛、暂时性眼热、眼痛或不适、咽炎及畏光，发生率约 1% - 3%。其他发生率低于 1% 的不良反应有：过敏、眼睑水肿、眼睛干燥及瘙痒。

【禁 忌】

对盐酸左氧氟沙星或其他喹诺酮类药物过敏者禁用。

【贮 藏】

密封容器，避光，室温

【包 装】

塑料滴眼容器，1 支/盒。

【生产企业】

企业名称：XXX 药业集团有限公司

左氧氟沙星滴眼液说明书

图 1-1　左氧氟沙星滴眼液说明书

实训目的

掌握文档中文本、段落的常用格式化方法。

操作步骤

1. 打开素材"左氧氟沙星滴眼液素材.docx",将文档标题设置为"微软雅黑、小二号、居中对齐"。

2. 打开【字体】对话框,选择【高级】选项卡,设置文档标题字符间距"加宽、2磅",如图1-2所示。

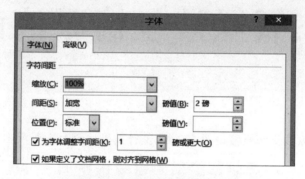

图1-2　文档标题字符间距设置

3. 单击【开始】→【字体】→【文本效果和版式】按钮A，为标题文字设置阴影、映像和字体颜色等文本效果,如图1-3～图1-6所示。

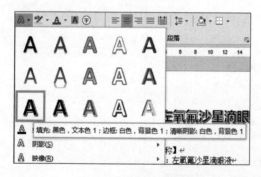

图1-3　标题样式设置

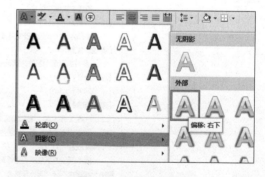

图1-4　标题阴影设置

4. 设置正文格式:字体为"微软雅黑、小五号";行间距为"单倍行距"。

5. 加粗显示正文中的"【药品名称】",使用格式刷将文档中所有【】部分的内容设置加粗效果。

6. 单击【设计】→【页面背景】→【水印】按钮,为说明书添加文字水印效果。

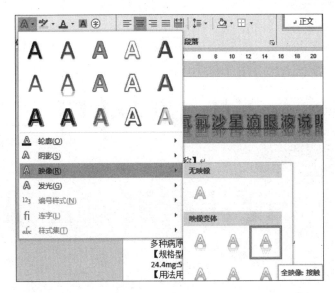

图 1-5　标题映像设置

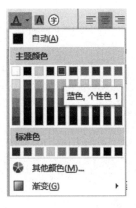

图 1-6　标题字体颜色设置

实训项目二

设计花展宣传票

制作一张花展宣传票,效果如图 2-1 所示。

图 2-1　牡丹花展宣传票

实训目的

掌握页面布局方法,学会使用艺术字、图形图片等元素美化文档。

操作步骤

1. 新建文档,进行页面设置:纸张为自定义大小,宽度为"30 厘米",高度为"17 厘米"。纸张方向为"横向"。

2. 在文档中分别绘制灰色和深青色的两个矩形，形状轮廓均设为无，调整好两个矩形的大小使其高度与文档纸张高度一致。将左、右两个矩形组合成一个整体。选择组合好的矩形，单击【绘图工具－格式】→【排列】→【下移一层】按钮，在打开的下拉列表中选择【置于底层】命令，如图 2-2 所示。

图 2-2   将组合矩形置于底层

3. 文档中插入图片"花 . jpg"并设置其"浮于文字上方"。单击【图片工具－格式】→【调整】→【颜色】按钮，在下拉列表中选择【设置透明色】命令，在图片的黑色区域单击，去除其背景色。

4. 插入艺术字"唯有牡丹真国色 花开时节动京城"。单击【绘图工具－格式】→【文本】→【文字方向】按钮，在下拉列表中选择【垂直】选项，调整艺术字文本方向。设置艺术字文本格式为"楷体、小二号、加粗"。

5. 文档中插入文本框，输入文本"故宫洛阳牡丹花展"，文本格式为"华文楷体、小初号、加粗"，字体颜色为"酸橙色"，为文本添加阴影效果，如图 2-3 所示。

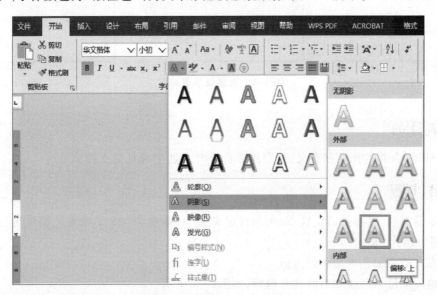

图 2-3   设置文字阴影效果

6. 参照效果图依次绘制文本框并输入文本信息。

实训项目三

制作录取通知书

制作批量录取通知书,效果如图 3-1 所示。

  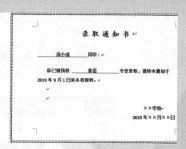

图 3-1　批量录取通知书

实训目的

理解邮件合并的作用和意义,能利用邮件合并功能生成批量文档。

操作步骤

1. 新建文档,进行页面设置:纸张为自定义大小,宽度为"25.5 厘米",高度为"17.2 厘米",纸张方向为"横向"。

2. 为文档添加艺术型页面边框。

3. 输入批量录取通知书的共有内容,如图 3-2 所示。

4. 单击【邮件】→【开始邮件合并】→【选择收件人】按钮,在下拉列表中选择【使用现有列表】命令,选择"录取专业.xlsx"作为数据源。

5. 定位光标至"同学"前的横线处,单击【邮件】→【编写和插入域】→【插入合并域】按钮,在下拉列表中选择"姓名"域。使用相同的方法在"专业"前的横线处插入"专业"域,效果如图 3-3 所示。

图 3-2　批量录取通知书共有内容

图 3-3　插入合并域

6. 单击【邮件】→【完成】→【完成并合并】按钮，在下拉列表中选择【编辑单个文档】命令，合并全部记录。保存新生成的文档"信函 1"，命名为"录取通知书"。

实训项目四

制作扣押物品清单

小张大三在××县公安消防大队实习期间,由于工作需要,领导让其制作了一份《××县公安消防大队扣押物品清单》表格,完成效果如图4-1所示。

（××县公安消防大队印章）

××县公安消防大队
扣押物品清单

物品持有人 ××有限责任公司 （性别___年龄___单位法定代表人 ××× 现住址 ××县××路××号 电话 ×××× ）持有的下列物品与 ××有限责任公司销售检验不合格消防产品 案件有关,需要作为证据,依法予以扣押。

编号	名称	规格	数量	特征	返还情况（接收人签收）
1	消防应急标志灯	PAK-Y01-102	五只	三极牌铁质、银灰色	
2	消防应急标志灯	PAK-Y01-102	六只	三极牌铁质、白色	

物品持有人、见证人（签名）：　　　承办人（签名）：

　　　　×××　　　　　　　　　　　×××

　　201×年×月×日　　　　　　　201×年×月×日

图4-1　扣押物品清单

实训目的

1. 熟练使用 Word 进行文本编辑和格式设置。

2. 掌握表格的各种基本操作,包括:表格行的插入与删除、表格列的插入与删除、拆分与合并单元格、设置单元格对齐方式等操作。

操作步骤

1. 第一行输入文字"(××县公安消防大队印章)",在【开始】选项卡【字体】组中设置字体类型为"宋体"、字体大小为"小四号"。在【段落】组中,选择对齐方式为"左对齐",如图 4-2 所示。

图 4-2　字体格式设置

2. 第二行输入文字"××县公安消防大队",按以上方法将其设置为"黑体、四号、居中对齐、段前间距 1 行"。第三行输入文字"扣押物品清单",设置为"黑体、三号、居中对齐、段后间距 1 行,前三行均为 1.5 倍行距"。从第四行开始输入段落文字"物品持有人……依法予以扣押。",设置为"宋体、小四号、1.5 倍行距、首行缩进 2 字符"。

3. 另起一行,插入一个 6 行 6 列的表格,分别选中第 6 行的前三列和后三列,选择【表格工具－布局】→【合并】→【合并单元格】按钮,分别将其合并,如图 4-3 所示。

4. 将光标移动到需调整表格的行的下框线或列的右框线,拖动框线到指定位置,将表格中的行、列调整到合适的行高和列宽。

5. 输入表格中的文字,并将文本格式设置为"宋体、小五号,第一行文字加粗"。选择表格前五行的文本,在【表格工具－布局】选项卡【对齐方式】组中设置文本为水平居中对齐,如图 4-4 所示。按以上方法,设置表格第 6 行单元格中的文本为"首行左对齐,后两行居中对齐,1.5 倍行距"。

图 4-3　合并单元格

图 4-4　文本居中对齐

6. 完成制作,将文件保存后退出。

实训项目五

制作课程表

小张是班级学习委员,班主任老师让小张为班级设计一份课程表,完成效果如图 5-1 所示。

课程表

时间 \ 星期	星期一	星期二	星期三	星期四	星期五
上午					
下午					

图 5-1　课程表

实训目的

掌握表格的插入与删除、表格的拆分与合并、表格边框设置等操作。

操作步骤

1. 输入标题"课程表",设置为"黑体、四号、居中对齐"。

2. 插入一个 8 行 6 列的表格,分别将第 1 列的第 2 到 6 行合并、第 1 列的 7 到 8 行合并。

3. 输入表格中的文本,设置为"宋体、5 号字、居中对齐",第 1 行和第 1 列的文字加粗。

4. 选中整个表格,单击【表格工具 - 设计】→【边框】右下角的对话框启动器按钮,打开【边框和底纹】对话框,在【边框】选项卡下分别设置外边框和内边框为"1.5 磅"和"0.75

磅"。切换至【底纹】选项卡,为表格第 1 行设置"白色,背景 1,深色 15%"的底纹,如图 5-2和图 5-3 所示。

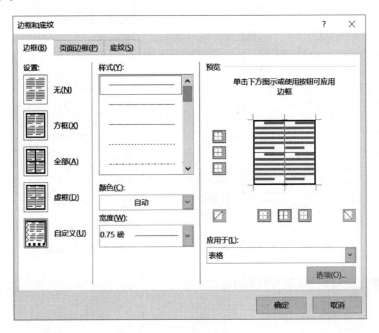

图 5-2　边框设置

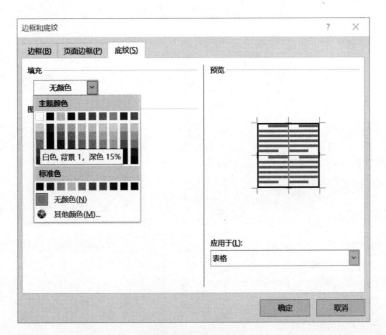

图 5-3　底纹设置

　　5. 首先在【表格工具－设计】选项卡【边框】组中,将边框线设置为"1.5 磅",再选择【插入】→【表格】→【绘制表格】按钮,将笔形鼠标指针对准第一行的下边框线,将其设置为"1.5

磷",如图5-4和图5-5所示。按照以上方法,在第1行第1列单元格中绘制斜线。

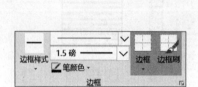

图5-4　边框线型设置　　　　　　图5-5　绘制表格

6. 完成课程表的制作,保存后退出。

实训项目六

制作成绩登记表

小张是班级学习委员,老师希望小张能帮忙设计一个成绩登记表来统计本班的考试成绩。于是,小张就使用 Word 2013 制作了一份成绩登记表,完成后效果如图 6-1 所示。

学号	姓名	平时成绩	期末成绩	最终成绩
201901001	王倩	90	93	91.5
201901002	柳林	95	90	92.5
201901003	张勤	88	85	86.5
201901004	李书	85	88	86.5
201901005	黄芳	93	85	89

图 6-1 成绩登记表

实训目的

掌握利用公式进行表格中数据的计算。

操作步骤

1. 在文档中输入表格标题"成绩登记表",并将其格式设置为"黑体、四号、居中对齐"。

2. 将光标定位到标题的下一行,单击【插入】→【表格】→【表格】按钮,打开【插入表格】对话框,在【列数】和【行数】文本框中分别输入 5 和 7,单击【确定】按钮关闭对话框,如图 6-2 所示。

3. 在表格中输入文本,并将格式设置为"宋体、五号",第 1 行文字加粗。选择【表格工具 - 布局】→【对齐方式】→【水平居中】命令,设置所有文本居中对齐。

4. 选择整个表格,选择【表格工具 - 布局】→【单元格大小】→【自动调整】→【根据内容自动调整表格】命令,调整表格尺寸,如图 6-3 所示。

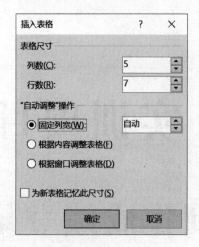

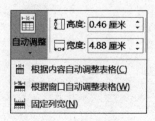

图 6-2　插入表格　　　　　　　　图 6-3　调整表格尺寸

5. 选中整个表格,单击【表格工具-设计】→【边框】→【边框和底纹】按钮,打开【边框和底纹】对话框。切换至【边框】选项卡,在【设置】区域中选择"自定义"选项,在【样式】区域选择双线型,在【宽度】区域选择"0.5磅",右侧【预览】区域中选择"外边框",单击【确定】按钮完成边框的设置,如图 6-4 所示。切换至【底纹】选项卡,为表格第 1 行设置"白色,背景 1,深色 5%"的底纹,如图 6-5 所示。

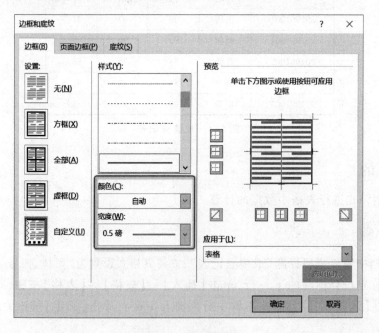

图 6-4　边框设置

6. 将光标定位到表格第 2 行最后一列的单元格,单击【表格工具-布局】→【数据】→【公式】按钮,打开【公式】对话框,输入公式计算平均成绩,如图 6-6 所示。按相同方法计算其他平均成绩。

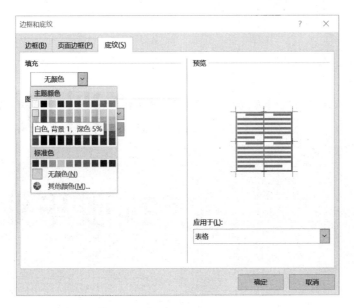

图 6-5　底纹设置

图 6-6　计算平均成绩

实训项目七

排版毕业论文

小王成绩优异、操作能力强，被班主任邀请帮忙完成学生毕业论文的格式修订工作。小王在老师的指导下，认真地完成了任务，论文排版后效果如图7-1所示。

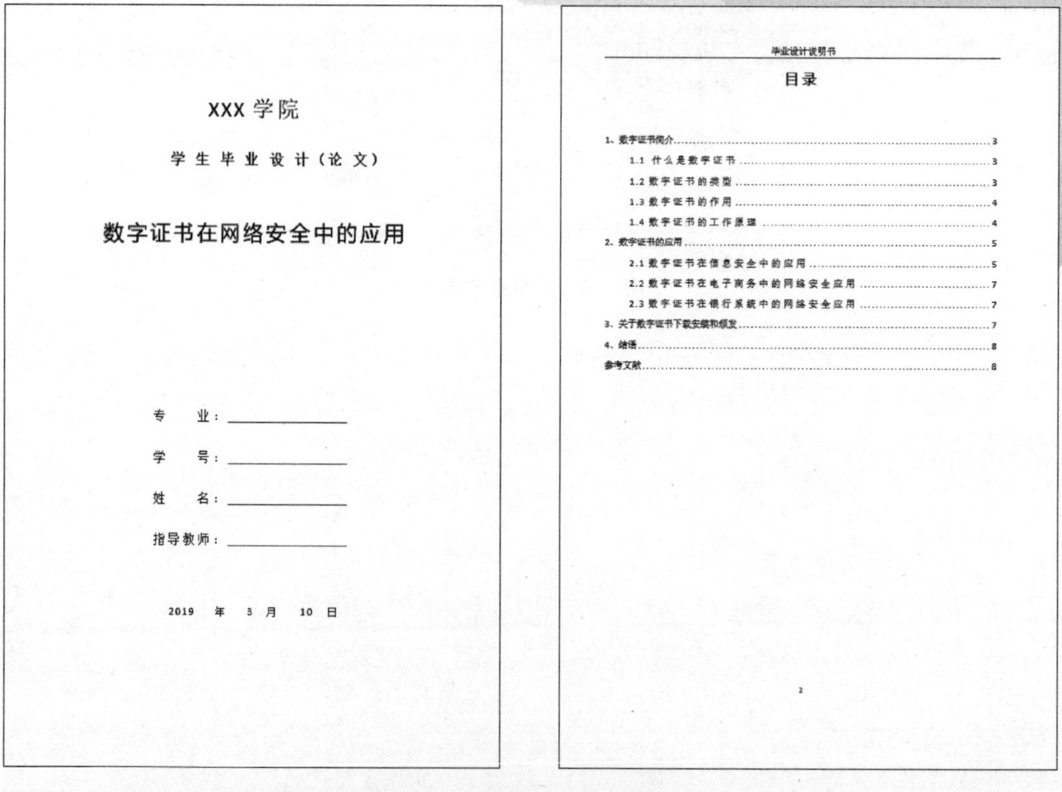

毕业设计说明书

目录

XXX 学院

学生毕业设计（论文）

数字证书在网络安全中的应用

专　业：＿＿＿＿＿＿＿

学　号：＿＿＿＿＿＿＿

姓　名：＿＿＿＿＿＿＿

指导教师：＿＿＿＿＿＿＿

2019　年　3　月　10　日

图7-1　毕业论文排版效果图

毕业设计说明书

数字证书在网络安全中的应用

【摘要】 随着社会经济的不断发展，计算机网络信息技术越来越多地运用在人们的生活中，如电子商务、网上银行、网络购物等，给人们的生活带来极大的方便，同时也改变了人们的生活方式，促进了新产业链的发展。但是，随着网络技术的发展，网络也存在一定的不安全因素，信息泄露、杏网络受到病毒的侵害等，都给网络的安全运行带来很大的风险。下面就数字证书在网络安全中的应用方面进行分析，希望数字网络证书能够在网络安全中充分发挥作用。

【关键词】 数字证书；网络安全；应用研究

1、数字证书简介

1.1 什么是数字证书

数字证书称为数字标识（Digital Certificate，Digital ID）。它提供了一种在 Internet 上身份验证的方式，是用来标志和证明通信双方身份的数字信息文件，与司机驾照或日常生活中的身份证相似。数字证书是由一个由权威机构即 CA 机构，又称为证书授权（Certificate Authority）中心发行的，人们可以在交往中用它来识别对方的身份，并使用数字证书来进行有关交易操作。通俗地讲，数字证书就是个人或单位在 Internet 上的身份证。比较专业的数字证书定义为，数字证书是一个经证书授权中心数字签名的包含公开密钥拥有者信息以及公开密钥的文件。最简单的证书包含一个公开密钥、名称以及证书授权中心的数字签名。一般情况下证书中还包括密钥的有效时间，发证机关（证书授权中心）的名称，该证书的序列号等信息，证书的格式遵循相关国际标准。有了数字证书，我们在网络上就可以畅通无阻。什么需要数字证书呢？由于 Internet 网电子商务系统技术在网上购物的顾客能够极其方便轻松地获得商家和企业的信息，同时也增加了对某些敏感或有价值的数据被窃取的风险。买方和卖方都必须对于在因特网上进行的一切金融交易都是真实可靠的，并且要使顾客、商家和企业等交易各方都具有绝对的信心，因而网络电子商务系统必须保证具有十分可靠的安全保密技术，也就是说，必须保证网络安全的四大要素，即信息传输的保密性、数据交换的完整性、发送信息的不可否认性、交易者身份的确定性。

1.2 数字证书的类型

（1）个人数字证书

符合 X.509 标准的数字安全证书，证书中包含个人身份信息和个人的公钥，用于标识证书持有者的个人身份。及对应的 IC 卡或私钥存储于 ikey 中，用于个人在网上进

3

毕业设计说明书

第一步，我们要先在中国数字证书网上下载数字证书，这个过程非常简单，而且在第一次登陆的过程中会有安装提示，我们只需要根据提示进行相关操作就能安装成功。若没有自动安装提示，我们也可以进行手动安装，手动安装还能解决提示丢失的问题。安装完成后，还需要进行信息的核对，即用户将自己的身份信息和密钥一起发送到验证中心，并在验证中心完成信息核对之后，依次进行信息的处理并在完成所有步骤之后，申请者将得到一个可以使用的数字证书。数字证书中包含了用户的基本信息、公钥信息，有些时候还会附带着认证中心的签名信息。证书使用者在进行一些需要加密的活动的时候就可以使用自己申请的数字证书来保证信息的安全性和可靠性。所有的数字证书都有自己的特点，都有各自不同的地方，而且证书的信息也随着申请机构的不同而有所差别，用户根据自己的需要选择不同证书机构申请属于自己的数字证书来使用。

4、结语

通过以上内容我们可以对数字证书的概念和工作原理以及在网络中的应用都有了一点解，当以后我们在具体的使用过程证书之后，你会发现在每个的网络交易过程中都会有数字证书成功安装的提示。那说明我们的数字证书都处于数字证书的保护之下，大大提高了网络交易的安全性。数字证书的安全性较高，因此也有较好的发展前景，但其应用领域相对来说较狭窄。相信随着互联网技术的不断发展和升级，数字证书的应用范围会不断拓宽，为我们的网络安全提供更加全面的防护。

参考文献

[1]刘刚,梁野等.数字证书技术在电力二次系统中的实现及应用[A].电力系统自动化学术交流研讨大会论文集[C].2006.

[2]赵柳娟,新利.中国气象局 CA 系统设计与应用[A].2011 年中国气象学会气象通信与信息技术委员会暨国家气象信息中心科技年会论文摘要[C].2011.

[3]金龙,刘海燕.基于 OpenSSL 的 CA 系统的设计与实现[A].2008 通信理论与技术新进展——第十三届全国青年通信学术会议论文集[C].2008.

[4]杨博龙,程徐华,李黍.兼容穿透算法的数字证书认证框架的研究[A].2012 电力通信管理暨智能电网通信技术论坛论文集[C].2013.

[5]陈莹莹.浅谈身份认证技术在网络安全中的应用[J].数学技术与应用.2013.

[6]崔凯.基于数字证书的网上支付系统的安全性分析[J].计算机光盘软件与应用.2012.

8

图7-1　毕业论文排版效果图（续）

实训目的

1. 熟练使用 Word 中的高级排版功能。
2. 熟练掌握高级替换的使用方法。
3. 学会使用审阅选项卡中的各项功能。
4. 了解文档的安全保护。

操作步骤

1. 将"毕业论文（初稿）.docx"另存为"毕业论文（修订）.docx"，并将另存后的文档的上下左右页边距均设置为"2.5 厘米"。

2. 将封面中的下画线长度设为一致。

3. 将封面底端多余的空段落删除，使用"分页符"完成自动分页。

4. 在"【摘要】"前添加一行，输入论文标题"数字证书在网络安全中的应用"，格式设置为"宋体、三号、居中、段前段后间距均为 1 行"。将"摘要"与"关键词"的格式设置为"宋体、小四、加粗"。将关键词部分的分隔号由逗号更改为中文标点状态下的分号。

5. 新建样式，统一设置各级文本的格式。创建样式"内容级别"，格式为"宋体、小四、两端对齐、首行缩进 2 字符，行距：固定值 20 磅，大纲级别：正文文本"。设置方法如图 7-2

和图 7-3 所示。以后建立的样式均以"内容级别"为基础。参照以上方法,创建样式"第一级别",格式为"宋体、四号、加粗、两端对齐、无首行缩进、段前和段后均为 0.5 行、大纲级别:1 级"。创建样式"第二级别",格式为"宋体、小四、加粗、两端对齐、无首行缩进、大纲级别:2 级"。最后,参照"毕业论文(修订).pdf"中的最终效果,将新建的样式应用到对应的段落中。

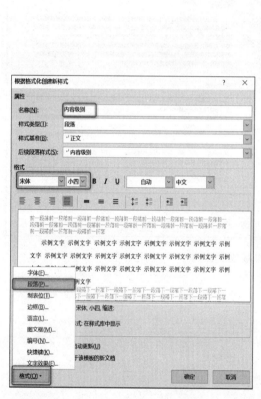

图 7-2 "内容级别"样式设置

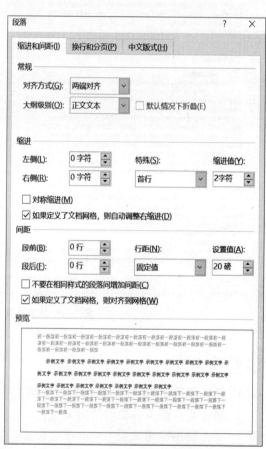

图 7-3 "内容级别"段落设置

6. 在封面页后(即第 2 页开始)自动生成目录。首先添加标题"目录"二字,格式设置为"宋体、四号、加粗、居中"。单击【引用】→【目录】按钮,在下拉列表中选择【自定义目录】选项,在打开的对话框中,单击【目录】选项卡,如图 7-4 所示,选中【显示页码】和【页码右对齐】复选框,在【制表符前导符】下拉列表中选择第一个选项,在【显示级别】数值框中输入"2",撤销选中【使用超链接而不使用页码】复选框。单击【选项】按钮,打开【目录选项】对话框,如图 7-5 所示,在其中可对使用的标题级别进行设置。单击【确定】按钮,返回文档编辑区即查看新插入的目录。

7. 为文档添加页眉和页脚,设置页眉文字"毕业设计说明书"为"宋体、五号字、居中对齐、首页不同"。页脚插入页码,设置为"居中对齐",如图 7-6 所示。

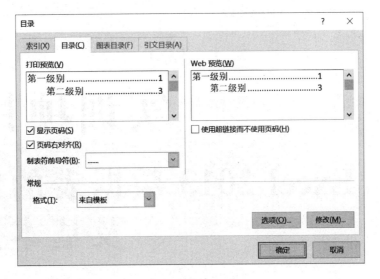

图7-4 自定义目录

图7-5 目录选项设置

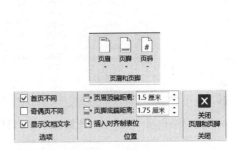

图7-6 页眉页脚设置

8. 目录后从论文标题开始另起一页,且从此页开始编页码,起始页码为"1"。去除封面和目录页中页眉和页脚的所有内容。

9. 修改参考文献的格式,使其符合规范。

10. 对全文使用【审阅】→【校对】→【拼写和语法】命令进行自动检查。

11. 文档格式编辑完成后,更新目录页码。

12. 完成毕业论文的编辑,保存后退出。

实训项目八

Excel 2013 数据表的编辑及基本操作

小王协助老师完成计算机网络 2 班期末考试成绩的输入和格式化,完成效果如图 8-1 所示。

	A	B	C	D	E	F	G	H
1	计算机网络2班学生期末成绩表							
2	序号	学号	姓名	高等数学	C语言	计算机基础	图像处理	上级实训
3	1	20190901401	张晓	90	90	95	89	优
4	2	20190901402	赵红	55	92	90	75	优
5	3	20190901403	张雄	65	90	88	78	良
6	4	20190901404	王丽丽	98	75	70	72	及格
7	5	20190901405	李思思	68	80	75	98	优
8	6	20190901406	河源	69	66	62	61	良
9	7	20190901407	于梦溪	89	75	55	68	优
10	8	20190901408	张明	78	66	60	65	不及格
11	9	20190901409	罗敏	75	61	75	81	优
12	10	20190901410	李华	59	55	63	60	及格

图 8-1　计算机网络 2 班期末考试成绩表完成情况

实训目的

1. 掌握数据输入与编辑方法。
2. 掌握工作表的选择、增加、删除、重命名的方法。
3. 掌握工作表的复制与移动的方法。
4. 掌握条件格式的设置。
5. 掌握工作表数据修饰及格式设置的方法。
6. 掌握单元格的选定、删除和插入的方法。
7. 掌握行、列的插入和删除方法。
8. 掌握行高和列宽的设置方法。
9. 掌握智能填充的方法。

操作步骤

1. 选择【开始】→【所有程序】→【Microsoft office 2013】→【Excel 2013】命令,启动

Excel 2013。

2. 将图 8-2 所示的数据输入到表 Sheet1 中。在 Sheet1 工作表中选中 D3∶G14 数据区域，单击【数据】→【数据工具】→【数据验证】按钮，打开【数据验证】对话框，在【设置】选项卡的【允许】下拉列表中选择"小数"，【最小值】输入"0"，【最大值】输入"100"。在【出错警告】选项卡的【错误信息】栏输入"请输入 0－100 之间的数"，如图 8-3 所示。

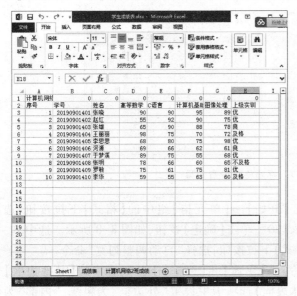

图 8-2　输入数据

图 8-3　设置"数据验证"

3. 单击 Sheet1 工作表标签右侧的"＋"按钮，添加 Sheet2 工作表，复制 Sheet1 的数据。

4. 右击 Sheet1 工作表标签，在快捷菜单中选择"重命名"命令，将工作表名称改为"成绩表"。用类似的方法修改 Sheet2 工作表名称为"计算机网络 2 班学生成绩表"，如图 8-4 所示。

5. 单击【保存】按钮 🖫，打开【另存为】对话框，单击【浏览】按钮，选定已经建立好的自己姓名的文件夹，输入"学生成绩表"为文件名，单击【保存】按钮。

6. 右击"成绩表"工作表标签，在快捷菜单中选择【移动或复制】命令，在弹出的对话框中，【工作簿】选择"学生成绩表"，【下列选定工作表之前】选择"成绩表"工作表，勾选【建立副本】复选框，单击【确定】按钮，完成工作表的复制，如图 8-5 所示。

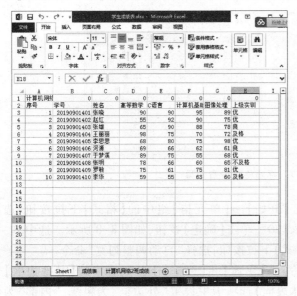

图 8-4　重命名后的效果

图 8-5　复制工作表

7. 进入"成绩表"工作表,单击序号"8",选定"张明"的记录,右击在快捷菜单中选择【删除】命令。

8. 选中 B 列列标,右击在快捷菜单中选择【插入】命令,即可生成新的 B 列。

9. 选中 B3:B14 区域,单击【开始】→【字体】组中的对话框启动器按钮,打开【设置单元格格式】对话框,在【数字】选项卡,将【分类】框中选中【数值】,并将小数位数设置为"0"。然后在 B2 单元格输入"学号",B3 单元格输入"201903041001",确认输入之后,再在 B4 单元格输入"201903041002",拖动鼠标选中 B3 和 B4 单元格,移至 B4 单元格右下方黑色小方块处,待鼠标指针形状变成黑色十字时,按下鼠标左键拖动至 B14 单元格后松开,设置后效果如图 8-6 所示。

	A	B	C	D	E	F	G	H
1	计算机网络2班学生期末成绩表							
2	序号	学号	姓名	高等数学	C语言	计算机基础	图像处理	上级实训
3	1	201903041001	张晓	90	90	95	89	优
4	2	201903041002	赵红	55	92	90	75	优
5	3	201903041003	张雄	65	90	88	78	良
6	4	201903041004	王丽丽	98	75	70	72	及格
7	5	201903041005	李思思	68	80	75	98	优
8	6	201903041006	河源	69	66	62	61	良
9	7	201903041007	于梦溪	89	75	55	68	优
10	9	201903041008	罗敏	75	61	75	81	优
11	10	201903041009	李华	59	55	63	60	及格

图 8-6 使用填充柄填充数据的效果

10. 选中 A1:H1 区域,单击【开始】→【对齐方式】组中的【合并后居中】下拉按钮,选择【合并后居中】选项。再在【字体】组设置字体为"黑体、22 磅、蓝色、加粗"。选定 A2:H11 区域,按前面的方法设置字体为"仿宋、16 磅"。选中 A2:H2 区域,单击【开始】→【单元格】组中的【格式】下拉按钮,选择【行高】,在弹出的【行高】对话框中输入"28",单击【确定】按钮,效果如图 8-7 所示。在【字体】组设置【填充颜色】为"茶色,背景2,深色25%"。

计算机网络2班学生期末成绩表							
序号	学号	姓名	高等数学	C语言	计算机基础	图像处理	上级实训
1	201903041001	张晓	90	90	95	89	优
2	201903041002	赵红	55	92	90	75	优
3	201903041003	张雄	65	90	88	78	良
4	201903041004	王丽丽	98	75	70	72	及格
5	201903041005	李思思	68	80	75	98	优
6	201903041006	河源	69	66	62	61	良
7	201903041007	于梦溪	89	75	55	68	优
8	201903041008	罗敏	75	61	75	81	优
10	201903041009	李华	59	55	63	60	及格

图 8-7 标题格式设置效果

11. 单击"学号"所在的列标,单击【开始】→【单元格】组中的【格式】下拉按钮,选择【列宽】,在弹出的【列宽】对话框中输入"20",单击【确定】按钮,如图 8-8 所示。选中 B~H 列,单击【开始】→【单元格】组中的【格式】下拉按钮,选择"自动调整列宽"命令。

12. 选中 A1:H14 区域,选择【开始】→【字体】→【边框】下拉列表中的【其他边框】命令,弹出【设置单元格格式】对话框,在【边框】选项卡中设置"外边框"为粗线,"内部"为细线。在【对齐】选项卡中,【水平对齐】选择"居中",【垂直对齐】选择"居中",单击【确定】按钮,完成边框和文字对齐方式的设置,效果如图8-9所示。

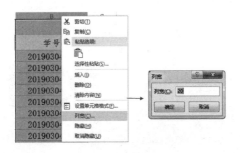

图8-8　列宽设置

计算机网络2班学生期末成绩表							
序号	学号	姓名	高等数学	C语言	计算机基础	图像处理	上级实训
1	201903041001	张晓	90	90	95	89	优
2	201903041002	赵红	55	92	90	75	优
3	201903041003	张雄	65	90	88	78	良
4	201903041004	王丽丽	98	75	70	72	及格
5	201903041005	李思思	68	80	75	98	优
6	201903041006	河源	69	66	62	61	良
7	201903041007	于梦溪	89	75	55	68	优
9	201903041008	罗敏	75	61	75	81	优
10	201903041009	李华	59	55	63	60	及格

图8-9　表格边框及位置设置

13. 选中 C3:H14 区域,选择【开始】选项卡,单击【数字】组中的【增加小数位数】和【减少小数位数】按钮,直到选定区域的数字保留 1 位小数。选择【开始】→【样式】→【条件格式】→【突出显示单元格规则】→【介于】选项,弹出【介于】对话框,在第一个文本框中输入"0",在第二个文本框中输入"59",【设置为】选择"自定义格式",在弹出的【设置单元格格式】对话框中设置字体为"红色、加粗",单击【确定】按钮。

14. 选定"计算机网络 2 班成绩表"工作表里的数据,按【Delete】键删除。保存工作簿,退出。

实训项目九

使用函数

小李接到领导布置的工作任务,要求按照提供的数据做出计算和统计。数据文件为"工作要求.xlsx",文件中包含"员工信息"工作表和"捐款"工作表。"员工信息"工作表及要求如图9-1所示。

	A	B	C	D	E	F	G	H	I	J	K
1	员工号	姓名	出生年月	入职时间	部门	职位	底薪	奖金	应发工资	捐款	实发工资
2	01218	张一凯	1973/2/1	1999/8/1	办公室	主任	6500	4000			
3	01462	汪伟	1978/1/23	1999/8/1	技术部	经理	5500	5000			
4	01197	李霜	1980/2/27	2003/2/9	市场部	职员	3600	3300			
5	01473	刘强	1979/9/26	2004/11/23	市场部	职员	3800	3500			
6	01211	黄菲	1982/7/7	2003/11/7	技术部	职员	3500	3300			
7	01213	陈晨	1982/6/1	2000/12/20	市场部	经理	5000	4500			
8											
9	要求:										
10	1. 填入每个员工的应发工资										
11	2. 应发工资最高值是:										
12	3. 刘强的应发工资排名(从高到低):										
13	4. 在2001年1月1日后进入公司的员工人数:										
14	5. 本月内公司内部组织一次捐款,捐款从工资里扣除,请根据"捐款"工作表的内容在捐款列中填入正确的捐款金额										
15	6. 请填入每个职工的实发工资										

图9-1 "员工信息"工作表及任务要求

"捐款"工作表反映了员工职位与捐款金额的对应关系,如图9-2所示。

实训目的

1. 掌握 Excel 常用的数学运算函数。

2. 掌握条件判断函数。

3. 掌握数据检索函数。

	A	B
1	职位	捐款金额
2	主任	500
3	经理	300
4	职员	100

图9-2 "捐款"工作表

操作步骤

1. 填入每个员工的应发工资:将光标定位在 I2 单元格,选择【公式】→【函数库】→【自

26

动求和】→【求和】命令,自动选中 G2∶H2 区域,单击【Enter】键,I2 单元格填入"张一凯"的应发工资。拖动鼠标自动填充余下员工的应发工资。

2. 应发工资最高值:将光标定位在 D2 单元格,单击【公式】→【函数库】→【插入函数】按钮,在【插入函数】对话框【搜索函数】输入框中输入"max",单击【转到】按钮,在【选择函数】列表框选择"max"函数,单击【确定】按钮。在【函数参数】对话框【Number1】输入框中输入"I2∶I7",单击【确定】按钮,得到应发工资最高值为 10500。

3. 刘强的应发工资排名(从高到低):将光标定位在 E12 单元格,单击【公式】→【函数库】→【插入函数】按钮,在【插入函数】对话框【搜索函数】输入框中输入"rank",单击【转到】按钮,在【选择函数】列表框选择"rank"函数,单击【确定】按钮,在【函数参数】对话框【Number】输入框中输入:"I5",【ref】输入框中输入"I2∶I7",单击【确定】按钮,得到刘强的应发工资排名(从高到低)是第 4 名。

4. 在 2001 年 1 月 1 日后进入公司的员工人数:将光标定位在 E13 单元格,单击【公式】→【函数库】→【插入函数】按钮,在【插入函数】对话框【搜索函数】输入框中输入"countif",单击【转到】按钮,在【选择函数】列表框选择"countif"函数,单击【确定】按钮。在【函数参数】对话框【range】输入框中输入"d2∶d7",【Criteria】输入框中输入"＞2001/01/01",单击【确定】按钮,得到 2001 年 1 月 1 日后进入公司的员工人数为 3。

5. 根据"捐款"工作表的内容在"捐款"列中填入正确的捐款金额:将光标定位在 J2 单元格,单击【公式】→【函数库】→【插入函数】按钮,在【插入函数】对话框中输入"VLOOKUP",单击【转到】按钮,在【选择函数】列表框选择"VLOOKUP"函数,单击【确定】按钮,在【函数参数】对话框【Lookup_value】输入框中输入"f2",【Table_array】输入框中输入"捐款! A∶B",【Col_index_num】输入框中输入"2",【Range_lookup】输入框中输入"false",单击【确定】按钮。J2 单元格对应的捐款金额已填好,J3∶J7 的值使用自动填充功能即可。

6. 填入每个员工的应发工资:将光标定位在 K2 单元格,单击【公式】→【函数库】→【插入函数】按钮,在【插入函数】对话框中输入"sum",单击【转到】按钮,在【选择函数】列表框选择"sum"函数,单击【确定】按钮,在【函数参数】对话框【Number1】输入框中输入"I2",【Number2】输入框中输入"−J2",单击【确定】按钮。K2 单元格的应发工资已填好,K3∶K7 的值使用自动填充功能即可。

任务完成后,"员工信息"工作表如图 9-3 所示。

	A	B	C	D	E	F	G	H	I	J	K
1	员工号	姓名	出生年月	入职时间	部门	职位	底薪	奖金	应发工资	捐款	实发工资
2	01218	张一凯	1973/2/1	1999/8/1	办公室	主任	6500	4000	10500	500	10000
3	01462	汪伟	1978/1/23	1999/8/1	技术部	经理	5500	5000	10500	300	10200
4	01197	李霞	1980/2/27	2003/2/9	市场部	职员	3600	3300	6900	100	6800
5	01473	刘强	1979/9/26	2004/11/23	市场部	职员	3800	3500	7300	100	7200
6	01211	黄菲	1982/7/7	2003/11/7	技术部	职员	3500	3300	6800	100	6700
7	01213	陈晨	1982/6/1	2000/12/20	市场部	经理	5000	4500	9500	300	9200
8											
9	要求:										
10	1.填入每个员工的应发工资										
11	2.应发工资最高值是:			10500							
12	3.刘强的应发工资排名(从高到低):				5						
13	4.在2001年1月1日后进入公司的员工人数:				3						
14	5.本月内公司内部组织一次捐款,捐款从工资里扣除,请根据"捐款"工作表的内容在捐款列中填入正确的捐款金额										
15	6.请填入每个职工的实发工资										

图 9-3 任务完成情况

实训项目十

管 理 数 据

小李接到领导布置的工作任务,任务是在实训九结果的基础上,对"员工信息"工作表的数据进行管理。

要求:

1. 将员工信息数据按照部门和应发工资排序。
2. 筛选 1980 年 1 月 1 日后出生,且 2001 年 1 月 1 日前进入公司的职工信息。
3. 统计每个部门员工的应发工资平均值。

实训目的

1. 掌握 Excel 排序。
2. 掌握 Excel 数据筛选。
3. 掌握分类汇总。

操作步骤

1. 将员工信息数据按照部门和应发工资排序:选中数据区域 A1:K7,单击【数据】→【排序和筛选】→【排序】按钮,在【排序】对话框中【主要关键字】下拉列表中选中"部门",单击【添加条件】按钮,在【次要关键字】下拉列表中选中"应发工资",【次序】选择"降序",即可得到按照部门和应发工资排序的职工信息,如图 10-1 所示。

	A	B	C	D	E	F	G	H	I	J	K
1	员工号	姓名	出生年月	入职时间	部门	职位	底薪	奖金	应发工资	捐款	实发工资
2	01218	张一凯	1973/2/1	1999/8/1	办公室	主任	6500	4000	10500	500	10000
3	01462	汪伟	1978/1/23	1999/8/1	技术部	经理	5500	5000	10500	300	10200
4	01211	黄菲	1982/7/7	2003/11/7	技术部	职员	3500	3300	6800	100	6700
5	01213	陈晨	1982/6/1	2000/12/20	市场部	经理	5000	4500	9500	300	9200
6	01473	刘强	1979/9/26	2004/11/23	市场部	职员	3800	3500	7300	100	7200
7	01197	李霜	1980/2/27	2003/2/9	市场部	职员	3600	3300	6900	100	6800

图 10-1 按照部门和应发工资排序的结果

2. 筛选 1980 年 1 月 1 日后出生，且 2001 年 1 月 1 日前进入公司的职工信息：选中 C 列和 D 列。单击【数据】→【排序和筛选】→【筛选】按钮，单击 C 列"出生年月"筛选图标，选择【日期筛选】→【之后】，在【自定义自动筛选方式】对话框中，【在以下日期之后】右侧输入框中输入"1980/01/01"，单击【确定】按钮。单击 D 列"入职时间"筛选图标，选择【选择日期筛选】→【之前】，在【自定义自动筛选方式】对话框中，【在以下日期之前】右侧输入框中输入"2001/01/01"，单击【确定】按钮。筛选出 1980 年 1 月 1 日后出生，且 2001 年 1 月 1 日前进入公司的职工信息，如图 10-2 所示。

	A	B	C	D	E	F	G	H	I	J	K
1	员工号	姓名	出生年月	入职时间	部门	职位	底薪	奖金	应发工资	捐款	实发工资
5	01213	陈晨	1982/6/1	2000/12/20	市场部	经理	5000	4500	9500	300	9200

图 10-2　筛选结果

3. 统计每个部门员工的应发工资平均值：选中 A1:K7 区域，单击【数据】→【排序和筛选】→【排序】按钮，打开【排序】对话框，在【主要关键字】下拉列表中选中"部门"，单击【确定】按钮。再次选中 A1:K7 区域，单击【数据】→【分级显示】→【分类汇总】按钮，在【分类汇总】对话框【分类字段】下拉列表中选中"部门"，【汇总方式】下拉列表中选中"平均值"，【选定汇总项】复选框选中"应发工资"，单击【确定】按钮。得到每个部门员工应发工资的平均值，如图 10-3 所示。

	A	B	C	D	E	F	G	H	I	J	K
1	员工号	姓名	出生年月	入职时间	部门	职位	底薪	奖金	应发工资	捐款	实发工资
2	01218	张一凯	1973/2/1	1999/8/1	办公室	主任	6500	4000	10500	500	10000
3					办公室 平均值				10500		
4	01462	汪伟	1978/1/23	1999/8/1	技术部	经理	5500	5000	10500	300	10200
5	01211	黄菲	1982/7/7	2003/11/7	技术部	职员	3500	3300	6800	100	6700
6					技术部 平均值				8650		
7	01213	陈晨	1982/6/1	2000/12/20	市场部	经理	5000	4500	9500	300	9200
8	01473	刘强	1979/9/26	2004/11/23	市场部	职员	3800	3500	7300	100	7200
9	01197	李霜	1980/2/27	2003/2/9	市场部	职员	3600	3300	6900	100	6800
10					市场部 平均值				7900		
11					总计平均值				8583.333		

图 10-3　分类汇总结果

实训项目十一

使用图表

为提高工作效率，使数据更直观，小李计划将"2016—2019 年薪酬统计情况"工作表的数据用图表的方式向公司领导展示。"薪酬统计情况"工作表如图 11-1 所示。

	A	B	C	D	E
1	2016—2019年薪酬统计情况(万元)				
2	部门	2016年	2017年	2018年	2019年
3	市场部	40	46	53	67
4	生产部	55	55	56	60
5	技术部	30	32	37	38
6	后勤	12	15	20	30
7	合计	137	148	166	195

图 11-1 "薪酬统计情况"工作表

1. 要求生成图 11-2 所示的"2016—2019 年各部门薪酬统计情况"柱形图。

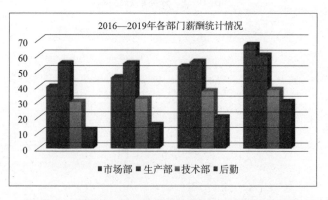

图 11-2 "2016—2019 年各部门薪酬统计情况"柱形图

2. 要求生成图 11-3 所示的"2018 年各部门薪酬占比情况"饼图。

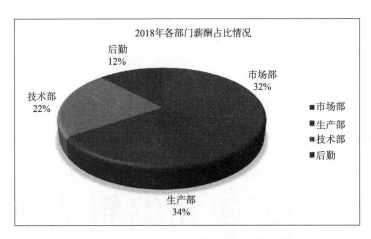

图 11-3 　"2018 年各部门薪酬占比情况"饼图

实训目的

1. 学会使用柱形图。
2. 学会使用饼图。

操作步骤

1. 插入"2016—2019 年各部门薪酬统计情况"图表:选中数据区域 A2:E6,选择【插入】→【图表】→【插入柱形图】→【三维簇状柱形图】选项。选中图表标题,将图表标题内容修改为"2016—2019 年各部门薪酬统计统计情况"。选中图表,选择【图表工具 - 设计】→【图表样式】→【样式 5】,得到"2016—2019 年各部门薪酬统计情况"图表。

2. 插入"2018 年各部门薪酬占比情况"图表:选中数据区域 A2:A6 和 D2:D6,选择【插入】→【图表】→【插入饼图或圆环图】→【三维饼图】选项。选中图表标题,将图表标题内容修改为"2018 年各部门薪酬占比情况"。单击图表空白处,选择【图表元素】→【数据标签】→【数据标注】。选中图表,选择【图表工具 - 设计】→【图表样式】→【样式 8】。单击图表空白处,在【图表元素】栏中选中【图例】复选框,得到"2018 年各部门薪酬占比情况"图表。

实训项目十二

创建和编辑演示文稿

创建名为"学习 PowerPoint 2013. pptx"的演示文稿，在其中添加图片、艺术字等，对幻灯片进行版式的设计，起到美化演示文稿的作用，制作效果如图 12-1 所示。

图 12-1　制作效果

实训目的

1. 掌握 PowerPoint 2013 演示文稿的主题设计和幻灯片的背景设置方法。
2. 掌握图片、艺术字的插入和编辑。
3. 掌握幻灯片版式的设置。

操作步骤

1. 启动 PowerPoint 2013 演示文稿软件,单击【空白演示文稿】,选择【大纲视图】模式,并输入图 12-2 所示文字内容。

2. 在【设计】选项卡中选中"平面"主题,单击将其应用于所有幻灯片。

3. 切换回【普通】视图模式:单击【视图】→【普通】按钮,在第 1 张幻灯片中插入图片"图标.jpg"素材,在第 3 张幻灯片中插入"PPT.jpg"素材,分别调整图片的大小和位置,如图 12-3 所示。

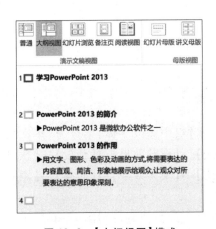

图 12-2　【大纲视图】模式

图 12-3　在第 1、3 张幻灯片中插入图片效果

4. 将幻灯片 3 中图片的背景设置为透明色:选中图片,选择【图片工具 - 格式】→【调整】→【颜色】→【设置透明色】命令,当鼠标指针变成后,单击图片中要设置为透明色的区域即可,如图 12-4 所示。

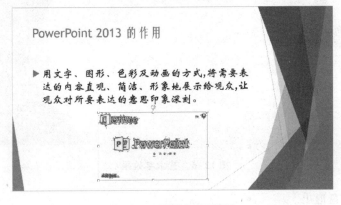

图 12-4　设置背景透明色

5. 在最后插入新的幻灯片：将光标移至左侧幻灯片缩略图区域，单击幻灯片 3 缩略图下方，出现红色线段后按【Enter】键，插入第 4 张幻灯片。

6. 选中幻灯片 4 缩略图，选择【开始】幻灯片【版式】→【空白】选项。

7. 在编辑区选中幻灯片 4，选择【插入】→【文本】→【艺术字】，在打开的列表中选中第四行第三列"图案填充绿色，着色 1"文字样式，如图 12-5 所示。在文本框中输入"努力学好计算机知识！"

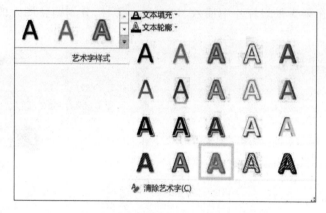

图 12-5　设置艺术字的样式

8. 单击文本框边框选中该艺术字，在【开始】→【字体】组中修改字体、字号为"华文新魏、100"。形状效果选择【绘图工具 - 格式】→【形状样式】→【形状效果】→【预设】→【预设 4】样式；文本效果选择【绘图工具 - 格式】→【艺术字样式】→【文本效果】→【转换】→【跟随路径】→【上弯弧】样式。

9. 最后调整艺术字样式，利用艺术字文本框边缘的八个控点使其得到图 12-6 所示的效果。

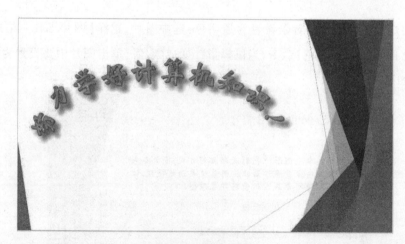

图 12-6　艺术字效果

10. 浏览，存盘退出。

实训项目十三

使用母版、插入 SmartArt 图形和音频文件

　　"母版"是一种特殊的幻灯片,包含可能出现在每一张幻灯片上的所有显示元素,如文本占位符、图片、动作按钮、时间日期等,使用母版可以方便统一幻灯片的风格。设计好母版后,再添加 SmartArt 图形、音频文件,编辑幻灯片切换方式,可以简化演示文稿的模板设计,设计效果如图 13-1 所示。

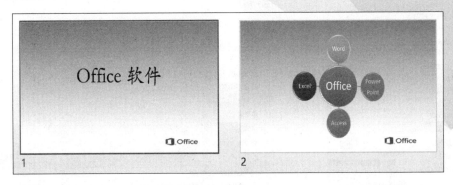

图 13-1　制作效果

实训目的

1. 掌握 SmartArt 图形的插入和编辑。
2. 掌握声音文件的导入方法。
3. 掌握幻灯片切换方式的设置。

操作步骤

1. 启动 PowerPoint 2013,新建一个演示文稿。
2. 单击【视图】→【母版视图】→【幻灯片母版】按钮,打开幻灯片母版视图面板。单击

【幻灯片母版】→【背景】组右下角的对话框启动器按钮,在演示文稿右侧弹出【设置背景格式】面板,如图 13-2 所示。

图 13-2　设置幻灯片母版背景

3. 继续在"设置背景格式"面板将背景色填充效果设置为双色渐变:将"渐变光圈"下方滑动条左侧的"停止点 1"颜色设置为"浅绿"色,右侧的"停止点 2"颜色设置为"白色"。如图 13-3 所示。单击【全部应用】按钮。

4. 切换至【开始】选项卡,为母版设置合适的字体和字号。

5. 在母版右下角插入素材图片"office 图标.jpg",调整至合适的大小。

6. 关闭母版视图,将演示文稿保存为"演示文稿设计模板":单击【文件】→【另存为】→【浏览】按钮,打开【另存为】对话框,【保存类型】选择"PowerPoint 模板(＊.potx)",单击【保存】按钮,如图 13-4 所示。

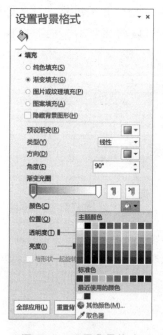

图 13-3　设置背景格式

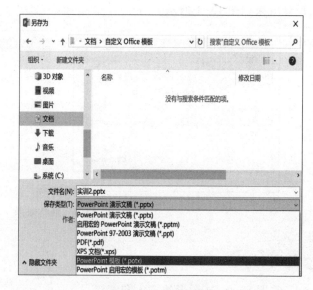

图 13-4　保存母版

7. 新建一个空演示文稿,在"新建"选项区域选中之前保存的模板,单击【确定】按钮。

8. 在幻灯片 2 中插入素材"声音.m4a"音频文件:选择【插入】→【媒体】→【音频】→【PC 上的音频】命令在【插入音频】对话框中选中所需的音频文件,单击【插入】按钮。

9. 选中声音图标,选择【音频工具 - 播放】→【音频选项】→【开始】→【自动】选项,同时勾选【循环播放,直到停止】和【放映时隐藏】复选框,如图 13-5 所示。

图 13-5　声音文件的设置

10. 在幻灯片中插入 SmartArt 图形：单击【插入】→【插图】→【SmartArt】按钮，打开【选择 SmartArt 图形】对话框，选择【循环】→【基本射线图】选项，单击【确定】按钮，如图 13-6 所示。

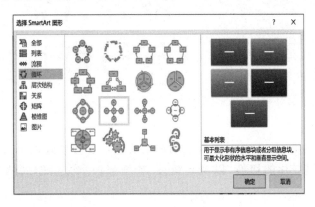

图 13-6　SmartArt 图形的设置

11. 单击 SmartArt 图形，即可出现文本输入提示框，或者单击形状，出现输入提示符后，直接在形状上输入文本，如图 13-7 所示。

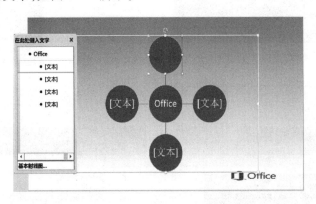

图 13-7　在 SmartArt 图形中输入文字

12. 设置 SmartArt 图形样式：选中 SmartArt 图形，在【SMARTART 工具 - 设计】选项卡中，单击【SmartArt 样式】组右侧的下拉按钮，在下拉列表中选择【三维】→【优雅】。

13. 更改 SmartArt 图形颜色：选择【SMARTART 工具 - 设计】→【SmartArt 样式】→【更改颜色】→【彩色】→【彩色范围 - 着色 4 至 5】。

14. 浏览幻灯片，存盘退出。

实训项目十四

设置自定义动画
与幻灯片的切换

在幻灯片播放的时候，可以对文本框和形状等元素设置动画效果，使演示文稿更加生动有趣，同时配合幻灯片的切换，以及超链接，能增强演示文稿的播放效果，目标效果如图 14-1 所示。

图 14-1 制作效果

![实训目的]

1. 掌握自定义动画的设置方法。
2. 掌握设置放映方式的方法。
3. 掌握幻灯片之间的切换方式。
4. 掌握超链接的设置方法。

![操作步骤]

1. 打开"我爱我的国.pptx"演示文稿,为幻灯片 1 的主标题"我爱我的国"添加"旋转"的动画效果:选中要设置的主标题文本框,选择【动画】→【动画】组→【进入】→【旋转】选项。

2. 令幻灯片 1 的副标题"——庆祝祖国七十周年大庆"产生从左侧飞入的动画效果:选择【动画】→【动画】组→【效果选项】→【自左侧】选项,在【计时】组的【开始】下拉列表中选择【上一动画之后】,如图 14-2 所示。

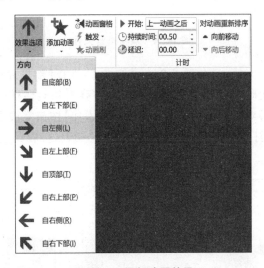

图 14-2　添加动画效果

3. 为幻灯片 2 的标题"爱我中华"添加超链接,单击文字的时候,跳转到幻灯片 4:选中"爱我中华"文本框,单击【插入】→【超链接】→【本文档中的位置】→【幻灯片 4】,如图 14-3 所示。

4. 为幻灯片 3 的艺术字标题添加"轮子"动画效果:选中"普天同庆"文本框,选择【动画】→【动画】组中的【轮子】选项,同时在【计时】组中选择【开始】→【单击时】。

5. 为幻灯片 3 中的图片添加"劈裂"动画效果,在【计时】组中选择【开始】→【上一动画之后】。

6. 将所有幻灯片的切换方式设置为"门":选中幻灯片 1,选择【切换】→【切换到此幻灯片】→【门】选项,在【计时】组中选择【声音】→【鼓掌】,【持续时间】为"03:00",【换片方式】为"单击鼠标时",最后单击【全部应用】按钮,如图 14-4 所示。

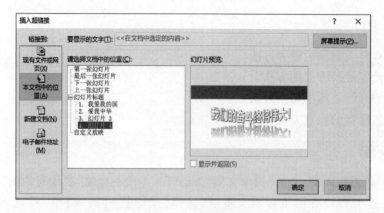

图 14-3　添加超链接

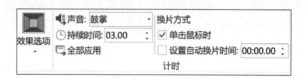

图 14-4　编辑声音文件

7. 设置自定义放映方式,只放映 1、2、4 张幻灯片:选择【幻灯片放映】→【开始放映幻灯片】→【自定义幻灯片放映】→【自定义放映】命令,在弹出的对话框中单击【新建】按钮在打开的【定义自定义放映】对话框中勾选 1、2、4,单击【添加】按钮完成添加,单击【确定】按钮,如图 14-5 所示。此时打开【自定义幻灯片放映】下拉列表,会看到刚设置好的【自定义放映1】,如图 14-6 所示。

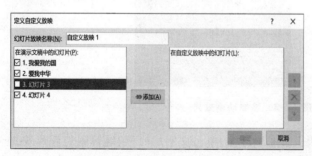

图 14-5　设置自定义放映

图 14-6　自定义放映 1

8. 放映测试,存盘退出。

实训项目十五

综合实训——交通安全知识简介

利用 PowerPoint 2013 软件制作一个演示型课件"交通安全知识简介"。结合所学的知识,利用演示文稿操作技巧进行制作,更好地掌握该课程教学的重难点知识。制作效果如图 15 –1 所示。

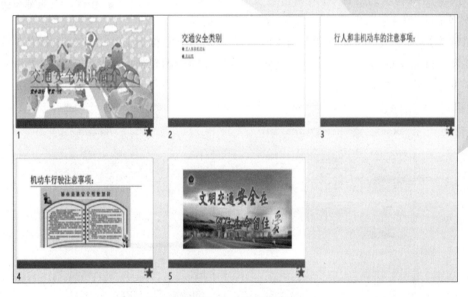

图 15 –1　制作效果

实训目的

1. 综合训练所学的制作演示文稿的方法。
2. 通过实训操作理解课程教学的重难点。

操作步骤

1. 新建一个空白演示文稿，为幻灯片 1 应用设计主题：选择【设计】→【主题】→【回顾】。

2. 添加幻灯片 1 的主标题"交通安全知识简介"、副标题"安全出行　平安一生"。其中，主标题设置为浅蓝色，字体字号不变；副标题加粗倾斜。

3. 在幻灯片 1 中，将图片素材"1. jpg"设置为水印：右击空白处，选择【设置背景格式】→【填充】→【图片或纹理填充】→【插入图片来自】→【文件】，在弹出的【插入图片】对话框中找到素材"1. jpg"，单击【打开】按钮。在【设置背景格式】窗格中设置透明度"55%"，如图 15 - 2 所示。

4. 在幻灯片 1 后继续插入第 2、3、4、5 张幻灯片，共五张幻灯片。第 2、3、4 的文字内容如图 15 - 1 所示。其中，幻灯片 2 的两行文字前添加特殊符号"●"：选择【插入】→【符号】→【几何图形符】→【●】。

5. 为幻灯片 2 中的文字设置超链接：当单击正文第一行文字时，页面跳转至幻灯片 3；当单击正文第二行文字时，页面跳转至幻灯片 4。选中第一行文字，在右键快捷菜单中选择【超链接】→【本文档中的位置】，在【请选择本文档中的位置】列表框中选中第 3 张幻灯片；对第二行文字进行同样的操作，在【请选择本文档中的位置】列表框中选中第 4 张幻灯片，如图 15 - 3 所示。

图 15 - 2　设置水印

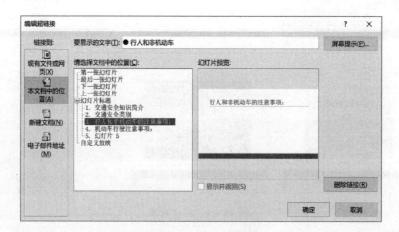

图 15 - 3　插入超链接

6. 在幻灯片 3 中插入两张图片素材"2. jpg""3. jpg"，并为图片添加自定义动画：选中"2. jpg"，选择【动画】→【添加动画】→【其他动作路径】→【直线和曲线】→【对角线向右下】，调整路径如图 15 - 4 所示，令图片"2. jpg"由左上角向右下角进入，最后定格在幻灯片左侧；选中"3. jpg"，选择【动画】→【添加动画】→【其他动作路径】→【直线和曲线】→【S 形曲线 2】,调整路径如图 15 - 5 所示。

图 15 - 4　调整"2. jpg"自定义动画路径

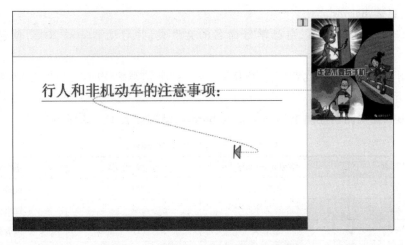

图 15 - 5　调整"3. jpg"自定义动画路径

　　7. 在幻灯片 4 中插入图片素材"4. jpg",调整图片至合适大小,居中,选择【动画】→【动画】→【形状】。

　　8. 选中幻灯片 5,将版式改为"空白",插入图片素材"5. jpg",调整图片至合适大小,居中,选择【动画】→【动画】→【轮子】。

　　9. 设置幻灯片切换方式,选中幻灯片 1,选择【切换】→【切换到此幻灯片】→【分割】;选中最后一张幻灯片,选择【切换】→【切换到此幻灯片】→【推进】。

　　10. 放映测试,存盘退出。

实训项目十六

Access 2013 数据库的综合应用

小王利用 Access 2013 制作一个小型关系数据库——图书管理数据库 library。根据业务需求，library 数据库共包含三张表，分别为：读者信息表 Readers、图书信息表 Books 以及图书借阅信息表 Borrow。

1. 在 E 盘下新建一个以自己学号命名的文件夹，并启动 Access 2013，创建 library 数据库。

2. 使用设计视图创建读者信息表 Readers 和图书信息表 Books，结构分别如表 16 - 1、表 16 - 2 所示。

3. 使用数据视图创建图书借阅信息表 Borrow，结构如表 16 - 3 所示。

表 16 - 1　读者信息表 Readers

字 段 名	字段数据类型	字 段 大 小	备　　注
RID	短文本	10	读者编号
RName	短文本	4	读者姓名
RSex	短文本	1	读者性别
RBirthday	时间和日期	—	读者出生日期
RAddress	短文本	40	家庭住址
Email	短文本	40	电子邮件

表 16 - 2　图书信息表 Books

字 段 名	字段数据类型	字 段 大 小	备　　注
BID	短文本	10	图书编号
Title	短文本	50	图书名称
Author	短文本	4	作者姓名
ISBN	短文本	20	ISBN
Price	数字	双精度型	价格

表 16 – 3 图书借阅信息表 Borrow

字 段 名	字段数据类型	字 段 大 小	备 注
RID	短文本	10	读者编号
BID	短文本	10	图书编号
LendDate	时间和日期	—	借阅时间
ReturnDate	时间和日期	—	归还时间

实训目的

1. 掌握 Access 2013 数据库的启动与退出。
2. 掌握数据库的创建方法。
3. 掌握数据表的创建以及字段格式的设置。

操作步骤

1. 新建文件夹。在 E 盘建立以自己学号命名的文件夹。
2. 使用教材中提到的四种启动方法之一打开 Access 2013。
3. 新建空数据库。

启动 Access 2013 后,选择【文件】→【新建】→【空白桌面数据库】命令,在弹出的"创建空白桌面数据库"对话框中输入文件名为"library",选择"浏览到某个位置来存放数据库"按钮，将保存路径设置为 E 盘以自己学号命名的文件夹,单击【创建】按钮,如图 16 – 1 所示。

图 16 – 1 设置数据库名称和数据库文件存放位置

此时,数据库创建完成,系统进入数据库窗口,并自动创建了数据库表"表 1",如图 16 – 2 所示。

4. 使用设计视图创建读者信息表 Readers。

(1)单击【创建】→【表格】→【表设计】按钮,打开表设计视图。此时会在原有的"表 1"基础上创建一个名为"表 2"的新表。

(2)在"表 2"中定义"RID"读者编号字段。单击"表 2"中"字段名称"列的第一行,输入"RID";在"数据类型"列的下拉列表中选择"短文本"选项;在"说明"列中输入"读者编号";在下面的【字段属性】→【常规】中,将"字段大小"由默认的"255"修改为"10"。

(3)按照表 16 – 1 的要求,重复步骤(2)定义 Readers 表的其他字段名称、数据类型、字段大小、说明等信息。建立好的 Readers 表结构如图 16 – 3 所示。

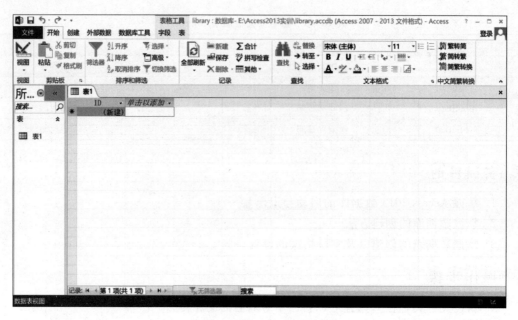

图 16－2　创建"表 1"

图 16－3　创建 Readers 表

（4）保存表。单击快速访问工具栏中的【保存】按钮，在弹出的对话框中输入表名"Readers"，单击【确定】按钮，如图 16－4 所示。在弹出的【尚未定义主键】对话框中单击【否】按钮，如图 16－5 所示，表的主键在后面的任务中再创建。

5. 使用设计视图创建图书信息表 Books。参照表 16－2 的要求和操作步骤 4，在设计视图模式下创建图书信息表 Books 的字段名称、数据类型、字段大小、说明等信息。

6. 使用数据视图创建图书借阅信息表 Borrow。单击【创建】→【表格】→【表】按钮，自动创建"表 1"，并以数据视图方式打开，如图 16－6 所示。

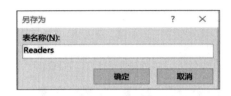

图 16 - 4　保存 Readers 表　　　　图 16 - 5　【尚未定义主键】对话框

（1）选中表 1 的"ID"字段列。单击【表格工具 - 字段】→【属性】→【名称和标题】按钮，在弹出的【输入字段属性】对话框的【名称】文本框中输入"RID"，单击【确定】按钮，如图 16 - 7 所示。

图 16 - 6　数据视图新建表

图 16 - 7　【输入字段属性】对话框

（2）设置 RID 字段列的数据类型及长度。选中"RID"字段列，单击【表格工具 - 字段】→【格式】→【数据类型】下拉列表框中选择【短文本】选项；在【属性】→【字段大小】文本框中输入"10"，如图 16 - 8 所示。

图 16 - 8　"RID"字段设置

（3）设置 BID 字段列。在表 1 中单击"单击以添加"列字段选定器，在打开的下拉列表中选择【短文本】选项，系统将添加一个名为"字段 1"的字段，将字段名修改为"BID"；在【属性】组中将【字段大小】修改为"10"。

（4）按照表 16 - 3 的要求，重复步骤（3）定义 Borrow 表的其他字段名称、数据类型、字段大小等信息。单击快速访问工具栏中的【保存】按钮，在弹出的对话框中输入表名"Borrow"，单击【确定】按钮。

7. 查看所创建的三个表。单击左侧窗格中"百叶窗开/关"按钮，在"浏览类别"中选择"所有表"，就可以看见在 library 数据库中由步骤 1~6 创建的三个表，如图 16 - 9 所示。

图 16 - 9　查看所有表

实训项目十七

修改表结构及字段属性

　　小王创建好数据库和表之后发现表结构和部分字段设计不合理,需要修改。现做如下修改:

　　1. 分别将 Readers 表中的 RID 字段、Books 表中的 BID 字段以及 Books 表中的 RID 字段和 BID 字段设置为主键。

　　2. 在 Readers 表中添加名为"RType"的读者类型字段,并使用查询向导建立列表,列表中显示"大专生""本科生"。

　　3. 删除 Readers 表中的 RBirthday 字段。

　　4. 设置 Books 表中的 ISBN 字段为"必需"字段。

　　5. 设置 Readers 表中的 RSex 字段的有效性规则,性别只允许输入"男"或者"女"两个值,设置有效性文本为"性别只能输入'男'或者'女'"。

　　6. 将 Borrow 表中的 RID 字段和 BID 字段属性中的"索引"设置为"有(有重复)"。

实训目的

　　1. 掌握复合主键的设置方法。

　　2. 掌握添加、修改、删除字段以及字段属性的方法。

　　3. 建立指定字段的属性有效性规则。

　　4. 掌握输入默认值的方法。

　　5. 掌握查询向导的设置。

操作步骤

　　1. 打开 library 数据库。

　　2. 在导航窗格中右击 Readers 表,在弹出的快捷菜单中选择"设计视图",即可打开 Readers 的设计视图,如图 17-1 所示。在 Readers 的设计视图中右击"RID"属性列,在弹出的快捷菜单中选择【主键】选项,此时在这一行最左边的方格中出现一个"▶"符号即表示设置完成,单击【保存】按钮,如图 17-2 所示。同时将 RID 字段和 BID 字段属性中的"索引"设置为"有(有重复)",如图 17 - 3 所示。

图 17 - 1　打开设计视图

图 17 - 2　设置主键

图 17 - 3　设置索引

3. 重复步骤 2,将 Books 表中的 BID 字段设置为主键。

4. 设置 Books 的复合主键。首先打开 Books 的设计视图,按住【Ctrl】键的同时选中 RID 和 BID 两个字段,在右键快捷菜单中选择【主键】选项,完成复合主键的设置,单击【保存】按 钮,结果如图 17 - 4 所示。

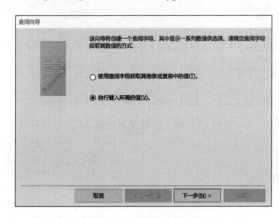

图 17 - 4　设置复合主键

5. 打开 Readers 表的设计视图,在最后一行中添加名为"RType"的读者类型字段,在数 据类型下拉列表中选择【查阅向导】属性,在弹出的【查阅向导】对话框中选中【自行键入所 需的值】单选按钮,如图 17 - 5 所示。单击【下一步】按钮,在弹出的对话框中分别输入"大 专生"和"本科生",如图 17 - 6 所示。单击【下一步】按钮,在弹出的对话框中单击【完成】 按钮,如图 17 - 7 所示。返回 Readers 设计视图,在"RType"字段说明中输入"读者类型", 单击【保存】按钮,完成 RType 字段的设置。

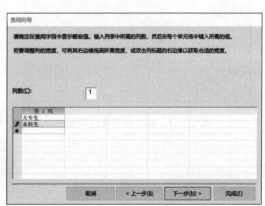

图 17 - 5　设置查阅向导

图 17 - 6　输入查阅向导列值

6. 在 Readers 的设计视图中选中"RBirthday"字段,在【表格工具－设计】组中单击【删除行】按钮,删除"RBirthday"字段,单击"保存"按钮。此时关闭 Readers 后再打开,"RBirthday"字段已经不存在了。

7. 打开 Books 表的设计视图,选中"ISBN"字段,在下方的"字段属性"区中将"必需"属性设置为"是",即在录入数据时,该字段的值必须输入,如图 17－8 所示。

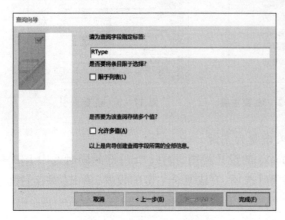

图 17－7　查阅向导设置

图 17－8　"必需"属性的设置

8. 打开 Readers 表的设计视图,选中"RSex"字段,在下方的"字段属性"区中单击"验证规则"属性右侧的对话框启动器按钮,在弹出的【表达式生成器】对话框中输入""男" Or "女""(注意引号用半角),如图 17－9 所示。单击【确定】按钮,返回"字段属性"区,在"验证文本"属性中输入"性别只能输入"男"或"女""(注意引号用半角),如图 17－10 所示。完成后保存 Readers 表。

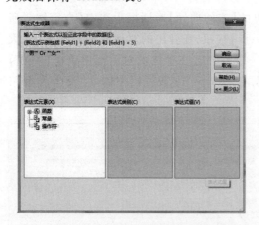

图 17－9　有效性规则的设置

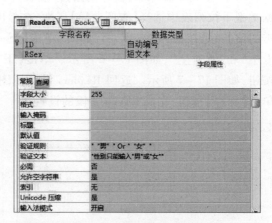

图 17－10　验证文本的输入

实训项目十八

建立表间关系以及表数据的录入

　　小王建立好数据库和表后,发现有些查询需要涉及两个或两个以上的表,同时为了保证数据的完整性和一致性,必须设置表之间的关系。所谓关系,就是在两个表中有一个数据类型、字段长度相同的字段,利用这个字段在两个表之间建立起关联。通过观察三个表,不难看出 Borrow 中的 RID 字段和 Readers 中的 RID 字段相关联,Borrow 中的 BID 字段和 Books 中的 BID 字段相关联。

　　要求:

　　1. 分别为读者信息表 Readers、图书信息表 Books 以及图书借阅信息表 Borrow 的相关联字段建立参照完整性。

　　2. 分别为三个表录入测试数据,如表 18 - 1 ~ 表 18 - 3 所示。

表 18 - 1　Readers 表测试数据

RID	RName	RSex	RAddress	Email	Rtype
2020304001	刘晶	女	南宁青秀区	jingji＊＊@163. com	大专生
2020304002	谭红	女	南宁兴宁区	ta＊＊@126. com	大专生
2020304003	张强	男	南宁良庆区	qia＊＊@qq. com	本科生
2020304004	李勇	男	南宁青秀区	liyo＊＊@sina. com	大专生
2020304005	刘晨曦	男	南宁青秀区	chen＊＊@qq. com	本科生
2020304006	李兰	女	北海海城区	lanl＊＊@163. comn	本科生

表 18 - 2　Books 表测试数据

BID	Title	Author	ISBN	Price
4580	数据库技术及应用	吴伶琳	9787568516402	45. 00
4586	计算机应用基础	胡松	9787115155108	29. 00

表 18－3　Books 表测试数据

RID	BID	LendDate	ReturnDate
2020304001	4580	2020/4/18	
2020304002	4586	2020/4/9	2020/4/18
2020304003	4580	2020/4/20	

实训目的

1. 掌握表间关联的创建。

2. 掌握设置参照完整性、级联更新相关字段和级联删除相关字段的方法。

3. 掌握数据录入的方法。

操作步骤

1. 打开 library 数据库。

2. 单击【数据库工具】→【关系】→【关系】按钮,如图 18－1 所示。

图 18－1　关系的创建

3. 在弹出的【显示表】对话框中,按住【Ctrl】键,同时选中三个表,如图 18－2 所示。单击【添加】按钮,单击【关闭】按钮,可以看到关系视图中出现了三个表。

4. 在新建的关系视图中,选中 Books 表中的 BID 字段,按下鼠标左键并拖动到 Borrow 表的 BID 字段上,松开鼠标,此时会弹出【编辑关系】对话框,选中【实施参照完整性】复选框,单击【创建】按钮,如图 18－3 所示。

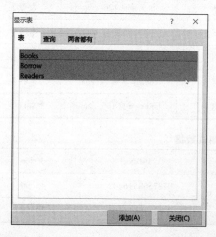

图 18－2　显示表

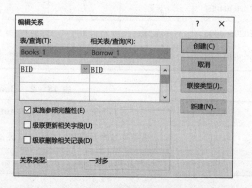

图 18－3　编辑关系对话框

5. 在关系视图中,选择【关系工具 - 设计】→【工具】→【编辑关系】按钮,在【编辑关系】对话框中单击【新建】按钮,在弹出的【新建】对话框的【左表名称】下拉框内选择"Readers_1",【左列名称】下拉框内选择"RID";【右表名称】下拉框内选择"Borrow_1",【右列名称】下拉框内选择"RID",单击【确定】按钮,如图 18 - 4 所示。

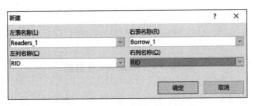

图 18 - 4　新建关系对话框

6. 返回【编辑关系】对话框,选中【实施参照完整性】复选框,单击【创建】按钮,此时可在关系视图内看见已经建立的两个一对多关系,如图 18 - 5 所示。

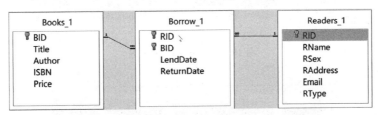

图 18 - 5　关系文档案例

7. 按照表 18 - 1 的要求,为 Readers 表录入数据。选中 Readers 右击,在弹出的快捷菜单中选择【数据表视图】,如图 18 - 6 所示。

	数据类型	
RID	短文本	读者编号
RName	短文本	读者姓名
RSex	短文本	读者性别
RAddress	短文本	家庭住址
Email	短文本	电子邮件
RType	短文本	读者类型

图 18 - 6　切换数据表视图

录入数据的过程中注意遵循实训项目十七中设置的数据有效性约束,例如 RID 作为主键不允许录入重复值;RSex 只能输入"男"或"女",否则会弹出提示对话框,如图 18 - 7 所示;因为 RType 已经做了查询向导设置,只能在下拉列表中选择相应数据,如图 18 - 8 所示。

图 18 - 7　有效性规则提示

图 18 - 8　RType 字段的数据录入

数据录入完成后如图 18 - 9 所示。

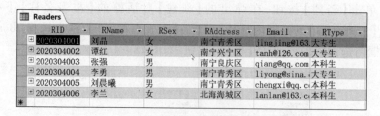

图 18 - 9　Readers 表数据

8. 重复步骤 7,按照表 18 - 2 和表 18 - 3 的要求,分别将表 Books 和 Borrow 的数据录入,录入完成后如图 18 - 10 和图 18 - 11 所示。

图 18 - 10　Books 表数据

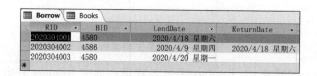

图 18 - 11　Borrow 表数据

实训项目十九

实现简单查询

小王建立好数据库和表,并且设置好表的关系后,开始查询数据库中的数据。小王发现建立和使用 Access 中的查询对象,可以快速获得数据库中满足条件的记录。

要求:

1. 使用"查询向导"查询性别为"男"的读者的 RID 和 RSex 信息,将查询保存为"Readers_RSex 查询"。

2. 利用"设计视图"在 Readers 表中查找姓"刘"读者的"RName""RSex""Email"和"RType"字段信息。

3. 利用"设计视图"从表 Readers、Borrow 和 Books 中查询类型为"大专生"的读者图书借阅的情况,查询字段包括"RName""RType""Title"和"LendDate"字段。

实训目的

1. 掌握使用查询向导方法创建查询的方法。
2. 掌握使用设计视图方法创建查询的方法。

操作步骤

1. 打开 library 数据库。

2. 单击【创建】→【查询】→【查询向导】按钮,如图 19-1 所示,在弹出的【新建查询】对话框中选择【简单查询向导】,单击【确定】按钮。在弹出的【简单查询向导】对话框中将查询表选定为"Readers",将【可用字段】列表中的"RName"和"RSex"移动到【选定字段】列表中,如图 19-2 所示。单击【下一步】按钮,在【请为查询指定标题】文本框中输入"Readers_RSex 查询",单击【完成】按钮,如图 19-3 所示。

图 19-1 新建查询向导

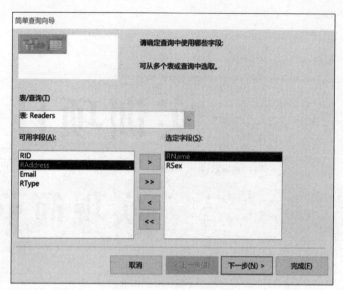

图 19 – 2　选定查询字段

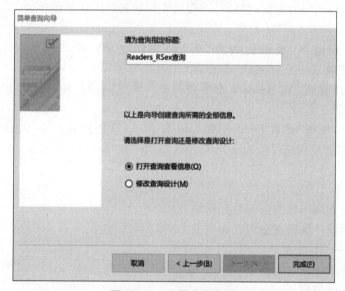

图 19 – 3　设置查询名称

此时,在导航窗格中出现了名为"Readers_RSex 查询"的查询对象,在 RSex 下拉列表复选框中选择"男",就可以查询出性别为"男"的读者信息,如图 19 – 4 所示。

3. 单击【创建】→【查询】→【查询设计】按钮,在弹出的【显示表】对话框中双击表"Readers",关闭【显示表】对话框。在下方的窗口【字段】行中分别选择"RName""RSex""Email"和"Rtype"四个字段,并将【显示】复选框全部选中,在"RName"字段中的【条件】里输入"Like ′刘 * ′",如图 19 – 5 所示。单击【保存】按钮,在弹出的【另存为】对话框中输入查询名称"Readers_RName 查询"。

选中 Readers_RName 查询,右击,在快捷菜单中选择【数据表视图】,切换为数据视图模式,就可以查看所有姓"刘"读者的"RName""RSex""Email"和"RType"字段信息,如图 19 –6 所示。

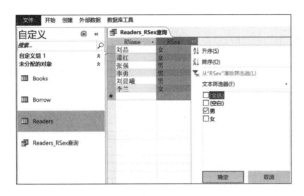

图 19-4　选定查询条件

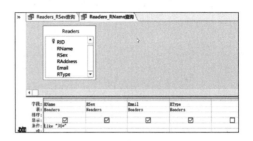

图 19-5　设置查询条件

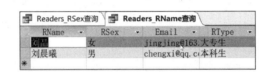

图 19-6　Readers_RName 的查询结果

单击【创建】→【查询】→【查询设计】按钮,在弹出的【显示表】对话框中双击 Readers 表、Borrow 表和 Books 表,关闭【显示表】对话框。在下方窗口的【字段】行中分别选择 "RName""RType""Title"和"LendDate"字段,并将【显示】复选框全部选中,在"RType"字段 中的【条件】里输入"大专生",如图 19-7 所示,单击【保存】按钮,在弹出的【另存为】对话 框中输入查询名称"RType 查询"。

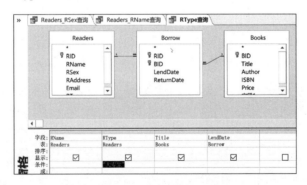

图 19-7　RType 查询设计

选中"RType 查询",右击,在快捷菜单中选择【数据表视图】,切换为数据视图模式,就 可以查看所有类型为"大专生"的读者的图书借阅情况字段信息,如图 19-8 所示。

图 19-8　RType 的查询结果

第二部分

习题集

项目一

初识计算机系统

一、单选题

1. ( )被誉为"现代电子计算机之父"。

    A. 查尔斯·巴贝   B. 阿塔诺索夫   C. 图灵   D. 冯·诺依曼

2. 一般将计算机的发展历程划分为 4 个时代的主要依据是计算机的( )。

    A. 机器规模   B. 设备功能   C. 物理器件   D. 整体性能

3. 计算机的应用范围广、自动化程度高是由于( )。

    A. 设计先进,元件质量高   B. CPU 速度快,功能强

    C. 内部采用二进制方式工作   D. 采用程序控制方式工作

4. 世界上第一台电子数字计算机 ENIAC 诞生于( )年。

    A. 1943   B. 1946   C. 1949   D. 1950

5. 计算机中的数据是指( )。

    A. 一批数字形式的信息   B. 一个数据分析

    C. 程序、文稿、数字、图像、声音等信息   D. 程序及其有关的说明资料

6. 采用晶体管的计算机被称为( )。

    A. 第一代计算机   B. 第二代计算机

    C. 第三代计算机   D. 第四代计算机

7. 许多企、事业单位现在都使用计算机计算、管理职工工资,这属于计算机的( )应用领域。

    A. 科学计算   B. 数据处理   C. 过程控制   D. 辅助工程

8. 我国自行生产的"天河二号"计算机属于( )。

    A. 微机   B. 小型机

    C. 大型机   D. 巨型机

9. 用计算机控制人造卫星和导弹的发射,按计算机应用的分类,它应属于( )。

    A. 科学计算   B. 辅助设计   C. 数据处理   D. 实时控制

10. 第三代计算机使用的元器件为( )。

  A. 晶体管   B. 电子管

  C. 中小规模集成电路   D. 大规模和超大规模集成电路

11. 世界上第一台电子数字计算机采用的主要逻辑部件是( )。

  A. 电子管   B. 晶体管   C. 继电器   D. 光电管

12. 用计算机对船舶、飞机、机械、服装进行计算、设计、绘图属于( )。

  A. 计算机科学计算   B. 计算机辅助制造

  C. 计算机辅助设计   D. 实时控制

13. 按计算机用途分类,可以将电子计算机分为( )。

  A. 通用计算机和专用计算机

  B. 电子数字计算机和电子模拟计算机

  C. 巨型计算机、大中型计算机、小型计算机和微型计算机

  D. 科学与过程计算计算机、工业控制计算机和数据计算机

14. 计算机用于教学和训练,称为( )。

  A. CAD   B. CAPP   C. CAI   D. CAM

15. ( )的计算机运算速度可达到一太次每秒以上,主要用于国家高科技领域与工程计算和尖端技术研究。

  A. 专用计算机 B. 巨型计算机 C. 微型计算机 D. 小型计算机

16. 计算机辅助制造的简称是( )。

  A. CAD   B. CAM   C. CAE   D. CBE

17. 光驱的倍速越大,( )。

  A. 数据传输速度越快   B. 纠错能力越强

  C. 所能读取光盘的容量越大   D. 播放 VCD 的效果越好

18. 个人计算机属于( )。

  A. 微型计算机 B. 小型计算机 C. 中型计算机 D. 小巨型计算机

19. 计算机中字节的英文名字为( )。

  A. Bit   B. Bity   C. Bait   D. Byte

20. 国际标准化组织指定为国际标准的是( )。

  A. EBCDIC 码 B. ASCII 码 C. 国际码 D. BCD 码

21. 下列数据中,有可能是八进制数的是( )。

  A. 408   B. 677   C. 659   D. 802

22. 计算机的 CPU 每执行一个( ),表示完成一步基本运算或判断。

  A. 语句   B. 指令   C. 程序   D. 软件

23. 有一个数值152,它与十六进制数 6A 相等,该数值是( )。

  A. 二进制数 B. 八进制数 C. 十六进制数 D. 十进制数

24. 计算机的主机由( )组成。

  A. 计算机的主机箱   B. 运算器和输入/输出设备

  C. 运算器和控制器   D. CPU 和内存储器

25. 十进制数 89 转换成十六进制数为( )。

A. 95   B. 59   C. 950   D. 89

26. 将二进制整数 111110 转换成十进制数是（   ）。

A. 62   B. 60   C. 58   D. 56

27. 下列各数中最大的是（   ）。

A. 11001B   B. 52O   C. 2BH   D. 44D

28. 将八进制数 332 转换成十进制数是（   ）。

A. 154   B. 256   C. 10001111   D. 00001110

29. 下列四个不同数制的数中，最小的是（   ）。

A. 111010B   B. 133O   C. 5AH   D. 91D

30. 将八进制数 16 转换为二进制数是（   ）。

A. 11101   B. 111010   C. 01111   D. 001110

31. 将十六进制数 3D 转换为二进制数是（   ）。

A. 01110 001   B. 0011101   C. 10001111   D. 0001110

32. 下列四个不同数制的数中，与其余三个不相等的数是（   ）。

A. 111010B   B. 71O   C. 39H   D. 57D

33. 设 a 为八进制数 147，b 为十六进制数 68，c 为十进制数 105，则（   ）。

A. $a < b < c$ B. $b < a < c$ C. $c < b < a$ D. $a < c < b$

34. 计算机的字长通常不可能为（   ）位。

A. 8   B. 12   C. 64   D. 128

35. 下面不属于音频文件格式的是（   ）。

A. WAV   B. MP3   C. RM   D. SWF

36. 多媒体信息不包括（   ）。

A. 文字、图像   B. 动画、影响

C. 打印机、光驱   D. 音频、视频

37. 下列各项中，不属于多媒体硬件的是（   ）。

A. 扫描仪   B. 视频卡   C. 音频卡   D. 加密

38. 在计算机中，英文字符的比较就是比较它们的（   ）。

A. 大小写值   B. 输出码值

C. 输入码值   D. ASCII 码值

39. 下列描述中，正确的是（   ）。

A. 1 KB = 1 000 Byte   B. 1 MB = 1 024 KBytes

C. 1 KB = 1 024 MB   D. 1 MB = 1 024 Byte

40. 存储器存储容量的基本单位是（   ）。

A. 字   B. 字节   C. 位   D. 千字节

41. 在计算机中，CPU 访问时速度最快的存储器是（   ）。

A. 光盘   B. 内存储器   C. U 盘   D. 硬盘

42. 一个完整的计算机系统包括（   ）两大部分。

A. 主机和外部设备   B. 硬件系统和软件系统

C. 硬件系统和操作系统   D. 指令系统和系统软件

43. 微机中运算器的主要功能是进行(　　)运算。

    A. 算术   B. 逻辑

    C. 算术和逻辑   D. 函数

44. 按计算机的性能、规模和处理能力,可以将计算机分为(　　)。

    A. 通用计算机和专用计算机

    B. 巨型计算机、大型计算机、中型计算机、小型计算机和微型计算机

    C. 电子数字计算机和电子模拟计算机

    D. 科学与过程计算计算机、工业控制计算机和数据计算机

45. 计算机的主(内)存储器一般是由(　　)组成。

    A. RAM 和 C 盘   B. ROM、RAM 和 C 盘

    C. RAM 和 ROM   D. ROM、RAM 和 CD-ROM

46. ROM 中的信息是(　　)。

    A. 由程序临时存入的   B. 在安装系统时写入的

    C. 由用户随时写入的   D. 由生产厂家预先写入的

47. 磁盘驱动器属于计算机的(　　)设备。

    A. 输入   B. 输出   C. 输入和输出   D. 存储器

48. CPU 是微机的核心部件,它能(　　)。

    A. 正确高效地执行预先安排的命令   B. 直接为用户解决各种实际问题

    C. 直接执行用任何高级语言编写的程序 D. 完全决定整个微机系统的性能

49. 计算机的基本指令由(　　)两部分构成。

    A. 操作码和操作数地址码   B. 操作码和操作数

    C. 操作数和地址码   D. 操作指令和操作数

50. 软件包括(　　)。

    A. 程序和指令   B. 程序和文档

    C. 命令和文档   D. 应用软件包

51. 最基础最重要的系统软件是(　　),若缺少它,则计算机系统无法工作。

    A. 编辑程序   B. 操作系统

    C. 语言处理程序   D. 应用软件包

52. 微型计算机的主机,通常由(　　)组成。

    A. 显示器、机箱、键盘和鼠标器   B. 机箱、输入设备和输出设备

    C. 运算控制单元、内存储器及一些配件 D. 硬盘、软盘和内存储器

53. 下列描述中,正确的是(　　)。

    A. 激光打印机是击打式打印机

    B. 针式打印机的打印速度最高

    C. 喷墨打印机的打印质量高于针式打印机

    D. 喷墨打印机的价格比较昂贵

54. 对于硬盘驱动器,(　　)说法是错误的。

    A. 内部封装刚性硬盘,不会破碎,搬运时不必像显示器那样注意避免震动

B. 耐震性差,要避免震动

C. 内部封装多张盘片,存储容量比软盘大得多

D. 不易损坏,数据可永久保存

55. 如按【Ctrl + Alt + Delete】组合键,则对系统进行了(　　　)。

　　A. 热启动　　　　　　　　　　B. 冷启动

　　C. 复位启动　　　　　　　　　D. 停电操作

56. 下列叙述中错误的是(　　　)。

　　A. 多媒体技术具有集成性和交互性

　　B. 所有计算机的字长都是 8 位

　　C. 通常计算机的存储容量越大,性能就越好

　　D. 计算机中的数据都是以二进制来表示

57. 下列选项中,不属于计算机多媒体的媒体类型的是(　　　)。

　　A. 文本　　　　　B. 图像　　　　　C. 音频　　　　　D. 程序

58. 小写字母"b"的 ASCII 码值用十进制数表示是(　　　)。

　　A. 95　　　　　　B. 96　　　　　　C. 97　　　　　　D. 98

59. 下面关于计算机语言概念的叙述中,(　　　)是错误的。

　　A. 高级语言必须通过编译或解释才能被计算机执行

　　B. 计算机高级语言是与计算机型号无关的计算机算法语言

　　C. 一般由于一条汇编语言指令对应一条机器指令,因此汇编语言程序在计算机中能被直接执行

　　D. 机器语言程序是计算机能直接执行的程序

60. 微机的接口卡位于(　　　)之间。

　　A. CPU 与内存　　　　　　　　B. 内存与总线

　　C. CPU 与外部设备　　　　　　D. 外部设备与总线

61. 计算机中处理的数据在计算机内部是以(　　　)的形式存储和运算的。

　　A. 位　　　　　　　　　　　　B. 二进制

　　C. 字节　　　　　　　　　　　D. 兆

62. 利用【控制面板】的【程序和功能】(　　　)。

　　A. 可以删除 Windows 组件

　　B. 可以删除 Windows 硬件驱动程序

　　C. 可以删除 Word 文档模板

　　D. 可以删除程序的快捷方式

63. 在 Windows 中在【键盘属性】对话框的【速度】选项卡中可以进行的设置为(　　　)。

　　A. 重复延迟、重复率、光标闪烁频率

　　B. 重复延迟、重复率、光标闪烁频率、击键频率

　　C. 重复的延迟时间、重复速度、光标闪烁速度

　　D. 延迟时间、重复率、光标闪烁频率

64. Windows 的【控制面板】窗口中不包含(　　　)图标。

A. 键盘   B. 鼠标   C. Word   D. 日期和时间

65. 以下关于应用程序安装与卸载的说法,错误的是( )。

    A. 要想让计算机完成特定的工作,需要安装各种各样的应用软件

    B. 利用【控制面板】中的【添加或删除程序】可卸载应用程序

    C. 可利用软件自带的程序卸载

    D. 只能利用软件自带的程序卸载

66. 下面不属于音频文件格式的是( )。

    A. WAV   B. MP3   C. MIDI   D. TIFF

67. 下列关于多媒体技术的叙述中,错误的是( )。

    A. 媒体是指信息表示和传播的载体,它向人们传递各种信息

    B. 多媒体计算机系统就是有音箱的计算机系统

    C. 多媒体技术是指用计算机综合处理声音、文本、图像等信息的技术

    D. 多媒体技术要求各种媒体都必须数字化

68. 多媒体信息不包括( )。

    A. 音频、视频   B. 动画、图像

    C. 声卡、光盘   D. 文字、图像

69. 下列各项中,不属于多媒体硬件的是( )。

    A. 光盘驱动器   B. 视频卡   C. 音频卡   D. 加密卡

70. 下列选项中,不属于计算机多媒体的媒体类型的是( )。

    A. 视频   B. 图像   C. 音频   D. 程序

71. 下列关于对文件(文件夹)的操作不正确的是( )。

    A. 可以使用右键拖动对象至目标位置,然后在弹出的快捷菜单中选择【复制到当前位置】

    B. 异盘用左键拖动

    C. 可以执行"发送到/U 盘",将文件复制至 U 盘

    D. 按住【Shift】键拖动至目标位置,可进行复制

72. 下列关于创建快捷方式的操作,错误的是( )。

    A. 右击对象,选择【创建快捷方式】命令

    B. 按住【Alt】键进行拖动

    C. 右键拖动,在快捷菜单中选择【在当前位置创建快捷方式】

    D. 按住【Alt + Shift】键进行拖动

73. 永久删除文件或文件夹的方法是( )。

    A. 直接拖进回收站

    B. 按住【Alt】键拖进回收站

    C. 按【Shift + Delete】组合键

    D. 右击对象,选择【删除】命令

74. 常见的压缩文件扩展名的是( )。

    A. rar   B. bak   C. exe   D. doc

75. 下列不是写字板可以保存的格式是( )。

    A. 文本文件
               B. 视频文件

    C. Unicode 文本文件
      D. html 格式文件

76. 更改光标闪烁速度的操作在( )中进行。

    A. 鼠标
        B. 键盘
        C. 设备管理
        D. 系统

77. "在预览窗格中显示预览句柄"在( )中进行设置。

    A.【性能信息和工具】
        B.【文件夹选项】

    C.【引索选项】
          D.【管理工具】

78. 在防火墙设置中不可以对( )进行设置。

    A. 小区网络
        B. 公用网络

    C. 家庭网络
        D. 工作网络

79. 查看 IP 地址的操作在【控制面板】的( )中进行。

    A.【系统】
        B.【性能信息和工具】

    C.【同步中心】
        D.【网络和共享中心】

80. 虚拟内存在( )中进行更改。

    A.【性能信息和工具】中的【性能选项】对话框

    B.【系统】→【高级系统设置】→【高级】→【性能设置】→【高级】

    C.【文件夹选项】→【常规】

    D.【设备管理器】

81. 能够提供即时信息及轻松访问常用工具的桌面元素的是( )。

    A. 桌面图标
      B. 桌面小工具
      C. 任务栏
        D. 桌面背景

82. 以下输入法中( )是 Windows 10 自带的输入法。

    A. 搜狗拼音输入法
        B. QQ 拼音输入法

    C. 陈桥五笔输入法
        D. 微软拼音输入法

83. 在 Windows 10 中用于应用程序之间切换的快捷键是( )。

    A.【Alt + Tab】
        B.【Alt + Esc】

    C.【Win + Tab】
        D. 以上皆可

84. 直接永久删除文件,而不是先将其移至回收站的快捷键是( )。

    A.【Esc + Delete】
        B.【Alt + Delete】

    C.【Ctrl + Delete】
        D.【Shift + Delete】

85. 一个磁盘格式化后,其目录情况是( )。

    A. 只有根目录
        B. 多级树形目录

    C. 一级子目录
        D. 没有目录,需要用户建立

86. 在 Windows 中,"复制"操作的组合键是( )。

    A.【Ctrl + V】
        B.【Ctrl + C】

    C.【Ctrl + Backspace】
        D.【Ctrl + X】

87. Windows 10 操作系统是一种( )。

    A. 系统软件
        B. 诊断程序

C. 应用软件   D. 工具软件

88. 在 Windows 中,全角方式下输入的数字应占的字节数是(   )。

A. 3   B. 4   C. 2   D. 1

89. 在 Windows 10 的各个版本中,以下支持的功能最少的是(   )。

A. 家庭普通版   B. 家庭高级版

C. 专业版   D. 旗舰版

90. 下列(   )操作系统不是微软公司开发的操作系统 。

A. Windows 7   B. Windows 10

C. Linux   D. Vista

91. 在 Windows 10 的桌面上右击,将弹出一个(   )。

A. 窗口   B. 对话框

C. 快捷菜单   D. 工具栏

92. 在 Windows 10 中,要把选定的文件剪切到剪贴板中,可以按(   )组合键。

A. 【Ctrl + X】   B. 【Ctrl + Z】

C. 【Ctrl + V】   D. 【Ctrl + C】

93. 操作系统具有的基本管理功能是:(   )。

A. 网络管理、处理器管理、存储管理、设备管理和文件管理

B. 处理器管理、存储管理、设备管理、文件管理和作业管理

C. 处理器管理、硬盘管理、设备管理、文件管理和打印机管理

D. 处理器管理、存储管理、设备管理、文件管理和程序管理

94. 被物理删除的文件或文件夹(   )。

A. 可以恢复   B. 可以部分恢复

C. 不可恢复   D. 可以恢复到回收站

95. 在 Windows10 中,(   )桌面上的程序图标即可启动一个程序。

A. 选定   B. 右击

C. 双击   D. 拖动

96. 如果要使自己的文件让其他人浏览,又让他们修改,可将包含该文件的文件夹共享属性的访问类型设置为(   )。

A. 隐藏   B. 读/写   C. 读取   D. 删除

97. 写字板是一个用于(   )的应用程序。

A. 图形处理   B. 文字处理

C. 程序处理   D. 信息处理

98. 在对各种形式的菜单进行选择时,有两种操作方式,一种是用键盘进行选择,另一种是(   )进行选择。

A. 用相应命令   B. 用会话方式

C. 用 DOS 命令   D. 使用鼠标

99. 下列不是文件查看方式的是(   )。

A. 详细信息   B. 平铺显示

　　　　C. 层叠平铺　　　　　　　　　　　　D. 图标显示

100. 以下不属于 Windows 10 电源计划的选项是(　　)。

　　　　A. 平衡　　　　　　B. 节能　　　　　　C. 高性能　　　　　D. 适中

二、操作题

1. 在 E 盘根目录下建立"计算机应用基础练习"文件夹,在此文件夹下建立"文字""图片""多媒体"三个子文件夹。

2. 在 E 盘根目录下找到"图片"文件夹,在 E 盘中查找 BMP 格式的图片文件,将它们复制到"图片"文件夹中,并将此文件设为只读文件。

3. 新建一个文件夹"word 文档",在 E 盘中查找 DOC 格式的文件,将它们全部复制到"word 文档"文件夹中,并按日期排列桌面上的图标。

4. 利用查找功能在 E 盘中找到一个大小小于 60 KB 的位图文件,并创建该文件的快捷方式到桌面。

5. 在计算机 E 盘的根目录下建立一个新文件夹"TEXT"。在"写字板"文字编辑窗口中输入一段自我介绍,40 字以内,将其字体定义为宋体小四,文件名为"自我介绍"。

6. 在 E 盘的根目录下建立命名为"考生"的文件夹,用"记事本"建立一个名为"TEST. TXT"的文件,文件内容为考生的专业名称、学号和姓名,并存储在"考生"文件夹中,并将该文件设为只读文件。

7. 通过【资源管理器】窗口,在 C 盘根目录中建立一个"学生"文件夹,在其中建立 4 个文件夹:"成绩""英语""数学""语文"。将"英语""数学""语文"文件夹设置为只读且移到"成绩"文件夹下。把"成绩"文件夹设置为共享文件夹。

8. 把桌面上的"我的文档"程序添加到【开始】菜单程序中,并设置【开始】任务栏变为隐藏,在 C 盘根目录下创建名为"MY FILE"的文件夹,并在 D 盘根目录下复制该文件,将其重命名为"我的文件夹"。

9. 在 D 盘查找文件名为 f 开头的、扩展名为 doc 的文件,将它们存入 E 盘根目录下的新建文件夹"TEXT",将此文件夹定义为"隐藏"属性,最后设置显示 E 盘的所有文件及文件夹。

10. 为【附件】中的【画图】建立桌面的快捷方式图标,图标名改为"绘图",用画图工具画一个五角形,文件名为"五角星",存到"练习"文件夹下。

11. 建立资源管理器的快捷方式,并将其放在桌面上;隐藏 Windows 的任务栏,并去掉任务栏上的时间显示。

12. 打开 Windows 帮助窗口,分别在"目录""索引""搜索"中各查找一个有关网络方面的主题,并将这些主题放到书签中;在桌面建立"文档"文件夹,在 D 盘查找所有". doc"文件,将它们复制到"文档"文件夹。

13. 在 D 盘根目录下创建一个"New"文件夹;再创建一个写字板文档,命名为"first",存储在"New"文件夹中;然后打开【查找】对话框,用日期的方式找到该文件,并复制到 C 盘下,重命名为"second"。

项目二

了解网络技术与安全知识

单选题

1. 能完成不同的 VLAN 之间数据传递的设备是（　　　）。

    A. 中继器   B. L2 交换器   C. 网桥   D. 路由器

2. 一个 VLAN 可以看作是一个（　　　）。

    A. 冲突域   B. 广播域   C. 管理域   D. 阻塞域

3. 以下网络地址中属于 B 类的可用 IP 地址的是（　　　）。

    A. 192. 12. 31. 2   B. 191. 12. 255. 255

    C. 55. 32. 255. 0   D. 128. 34. 255. 9

4. 在运行 Windows 的计算机中配置网关，类似于在路由器中配置（　　　）。

    A. 直接路由   B. 默认路由   C. 静态路由   D. 动态路由

5. 网络协议主要由三个要素组成，下面哪一个不属于三要素（　　　）。

    A. 语法   B. 语义   C. 结构   D. 同步

6. 100BASE-T 规定，Hub 通过 RJ45 接口与计算机连线距离不超过（　　　）m。

    A. 50   B. 100   C. 150   D. 185

7. （　　　）是指网络中不同计算机系统之间具有透明地访问对方资源的能力。

    A. 交互   B. 互连   C. 互通   D. 互操作

8. 在网络互连中，在网络层实现互连的设备是（　　　）。

    A. 中继器   B. 路由器   C. 网桥   D. 网关

9. 如果一个单位的两个部门各有一个局域网，那么将它们互连的最简单的方法是使用（　　　）。

    A. 网关   B. 中继器   C. 网桥   D. 路由器

10. 如果有多个局域网需要互连，并希望将局域网的广播信息很好地隔离开来，那么最简单的方法是使用（　　　）。

    A. 路由器   B. 网桥   C. 中继器   D. 网关

11. Internet 是全球最具影响力的计算机互联网，也是世界范围的重要的（　　　）。

A. 信息资源库　　　B. 多媒体网络　　　C. 办公网络　　　D. 销售网络

12. TCP/IP 协议是 Internet 中计算机之间通信所必须共同遵循的一种（　　　）。

A. 信息资源　　　B. 通信规定　　　C. 软件　　　D. 硬件

13. IP 地址能唯一地确定 Internet 上每台计算机与每个用户的（　　　）。

A. 距离　　　B. 费用　　　C. 位置　　　D. 时间

14. "www. gagx. com. cn"是 Internet 中主机的（　　　）。

A. 硬件编码　　　B. 密码　　　C. 软件编码　　　D. 域名

15. "bell@ gagx. com. cn"是 Internet 用户的（　　　）。

A. 电子邮件地址　　　B. WWW 地址　　　C. 硬件地址　　　D. FTP 服务器名

16. 将文件从 FTP 服务器传输到客户机的过程称为（　　　）。

A. 上载　　　B. 下载　　　C. 浏览　　　D. 计费

17. （　　　）是由按规则螺旋结构排列的两根、四根或八根绝缘铜导线组成的传输介质。

A. 光缆　　　B. 同轴电缆　　　C. 双绞线　　　D. 无线信道

18. 10 BASE-T 标准规定连接结点与集线器的非屏蔽双绞线最长为（　　　）。

A. 185 m　　　B. 100 m　　　C. 500 m　　　D. 50 m

19. 如果要用非屏蔽双绞线组建以太网,需要购买带（　　　）接口的以太网卡。

A. AUI　　　B. F/O　　　C. BNC　　　D. RJ45

20. 连接局域网中的计算机与传输介质的网络连接设备是（　　　）。

A. 网卡　　　B. 集线器　　　C. 交换机　　　D. 路由器

21. 在创建电子邮件账号时,使用的邮件发送服务器是（　　　）服务器。

A. HTTP　　　B. POP3　　　C. IMAP　　　D. SMTP

22. （　　　）是 Internet 上执行信息搜索的专门站点。

A. 电子商城　　　B. 门户站点　　　C. 电子地图　　　D. 搜索引擎

23. 对于高级应用场合,或者安全性能和稳定性要求较高的大型网络,应当选择（　　　）操作系统。

A. UNIX　　　B. Netware　　　C. WindowsNT/2000　D. Linux

24. 一座建筑物内的几个办公室要实现联网,应该选择的方案属于（　　　）。

A. LAN　　　B. MAN　　　C. WAN　　　D. PAN

25. 市面上常见的 4 种 UTP 中,（　　　）的最高数据传输速率为 155 Mbit/s,适用于 10 Mbit/s,100 Mbit/s,1 000 Mbit/s 及 ATM 等各种网络环境。

A. 3 类　　　B. 4 类　　　C. 5 类　　　D. 超 5 类

26. 在以下四个 WWW 网址中,（　　　）不符合 WWW 网址书写规则。

A. WWW. 163. COM　　　　　　B. WWW. Gx. cn. com

C. www. 863. org. cn　　　　　　D. WWW. bj. net. jp

27. 用 IE 浏览上网时,要进入某一网页,可在 IE 的 URL 栏中输入该网页的（　　　）。

A. 只能是 IP 地址　　　　　　B. 只能是域名

C. 实际的文件名称　　　　　　D. IP 地址或域名

28. 工作在 OSI 第三层的网络互联设备是(　　　)。
    A. 路由器　　　　　B. 交换机　　　　　C. 网桥　　　　　D. 网关

29. 在多媒体计算机系统中,不能存储多媒体信息的是(　　　)。
    A. 光盘　　　　　　B. 光缆　　　　　　C. U 盘　　　　　D. 磁盘

30. 下列电子邮件地址中(　　　)是正确的。
    A. Liming@ 163. com
    C. Liming $ 163. com
    B. Li ming@ 163. com
    D. Li Ming $ 163. com

31. 关于虚拟局域网 VLAN 的论述中,错误的是(　　　)。
    A. 每个 VLAN 组成一个逻辑上的广播域
    B. VLAN 不能控制广播风暴
    C. 能够提高网络的整体安全性
    D. VLAN 是通过网络管理软件构建的逻辑网络

32. 以下以太网标准中,属于粗缆以太网的是(　　　)。
    A. 10Base5　　　　B. 10Base2　　　　C. 10BaseT　　　　D. 10BaseTX

33. 下列域名中,表示教育机构的是(　　　)。
    A. ftp. btA. net
    C. www. ioA. ac. cn
    B. ftp. cnc. ac. cn
    D. www. nefu. edu. cn

34. 局域网的网络硬件主要包括网络服务器、工作站、(　　　)、传输介质和网络互联
设备。
    A. 计算机
    C. 网络拓扑结构
    B. 网卡
    D. 网络协议

35. IP 地址是由 4 段十进制数字组成的,它们代表了(　　　)位二进制数字。
    A. 8　　　　　　　B. 16　　　　　　　C. 32　　　　　　　D. 64

36. Internet 实现了分布在世界各地的各类网络的互联,其中最基础和核心的协议是
(　　　)。
    A. TCP/IP　　　　B. FTP　　　　　　C. HTML　　　　　D. HTTP

37. 以下关于网站的描述错误的是(　　　)。
    A. 由许多个网页组成
    B. 需要发布才能在互联网访问
    C. 一般可以直接在互联网上修改网站中的网页
    D. 每个网站都有自己的主页

38. 在网页制作中,超文本标签语言的简称是(　　　)。
    A. HTML　　　　　B. HML　　　　　　C. TML　　　　　　D. HTL

39. 有关共享式与交换式以太网拓扑结构的论述,正确的是(　　　)。
    A. 共享式的逻辑拓扑为星型,物理拓扑为星型
    B. 交换式的逻辑拓扑为总线型,物理拓扑为星型
    C. 共享式的逻辑拓扑为星型,物理拓扑为总线型
    D. 交换式的逻辑拓扑为星型,物理拓扑为星型

40. Windows 中用于收发电子邮件的程序是(　　　)。

    A. IE　　　　　　B. Outlook　　　　C. FrontPage　　　D. Office

41. 计算机网络按拓扑结构,可划分为(　　　)。

    A. 以太网和移动通信网

    B. 电路交换网和分组交换网

    C. 局域网、城域网和广域网

    D. 星形网、环形网和总线网、树形网、网状网

42. 粗缆以太网不使用中继时,每段粗缆的最远距离为(　　　)m。

    A. 100　　　　　　B. 200　　　　　　C. 500　　　　　　D. 2 500

43. 在(　　　)网络模式中,客户机通过浏览器的 HTTP 协议提出服务请求,并将返回的信息通过浏览器提供给网络客户。

    A. C/S　　　　　　　　　　　　　B. B/S

    C. Peer-to-peer　　　　　　　　　D. 主机—终端机

44. Modem 的作用是(　　　)。

    A. 实现计算机的远程联网

    B. 在计算机之间传送二进制信号

    C. 实现数字信号与模拟信号之间的转换

    D. 提高计算机之间的通信速度

45. ADSL 利用(　　　)技术,在一对铜质双绞线上得到 3 个通信信道。

    A. 波分多路复用　　　　　　　　B. 频分多路复用

    C. 时分多路复用　　　　　　　　D. 空分多路复用

46. 域名系统 DNS 的作用是(　　　)。

    A. 存放主机域名　　　　　　　　B. 将域名转换成 IP 地址

    C. 存放 IP 地址　　　　　　　　　D. 存放邮件的地址表

47. 英文字母"A"的 7 位 ASCII 代码是 1000001,其奇偶校验码正确的是(　　　)。

    A. 奇校验码 11000001,偶校验码 01000001

    B. 奇校验码 01000001,偶校验码 11000001

    C. 奇校验码 11000001,偶校验码 11000001

    D. 奇校验码 01000001,偶校验码 01000001

48. 下面 IP 地址中属于 C 类地址的是(　　　)。

    A. 202. 54. 21. 3　　　　　　　　B. 10. 66. 31. 4

    C. 109. 57. 57. 96　　　　　　　　D. 240. 37. 59. 62

49. (　　　)是计算机接入网络的接口设备。

    A. 网卡　　　　　　B. 路由器　　　　　C. 网桥　　　　　　D. 网关

50. 在搜索文件或文件夹时,若用户输入"＊. txt"则将搜索到(　　　)。

    A. 所以含有 ＊ 的文件　　　　　　B. 所有扩展名为 . txt 的文件

    C. 所有文件　　　　　　　　　　D. 以上全不对

51. 万维网的网址以 HTTP 为前导,表示遵从(　　　)协议。

       A. 纯文本　　　　　B. 超文本传输　　　C. TCP/IP　　　　　D. POP

52. 在 TCP/IP 模型中与 OSI 模型网络层对应的是（　　　　）。

       A. 网络接口层　　　B. 网际层　　　　　C. 传输层　　　　　D. 应用层

53. 电子邮件地址的格式是（　　　　）。

       A. 用户名@主机域名　　　　　　　　B. 主机域名@用户名

       C. 用户名. 主机域名　　　　　　　　D. 主机域名. 用户名

54. Internet 上计算机的名字由许多域构成，域间用（　　　　）分隔。

       A. 小圆点　　　　　B. 逗号　　　　　　C. 分号　　　　　　D. 冒号

55. 以下（　　　　）不是计算机网络常采用的基本拓扑结构。

       A. 星型结构　　　　B. 分布式结构　　　C. 总线结构　　　　D. 环型结构

56. 在同一个信道上的同一时刻，能够进行双向数据传送的通信方式是（　　　　）。

       A. 单工　　　　　　　　　　　　　　B. 半双工

       C. 全双工　　　　　　　　　　　　　D. 上述三种均不是

57. 以下（　　　　）不是顶级域名。

       A. net　　　　　　　B. gov　　　　　　　C. org　　　　　　　D. www

58. 通过改变载波信号的振幅来表示信号"1""0"的方法称为（　　　　）。

       A. 幅度调制　　　　　　　　　　　　B. 频率调制

       C. 相位调制　　　　　　　　　　　　D. 多相调制

59. 一般所说的拨号入网，是指通过（　　　　）与 Internet 服务器连接。

       A. 微波　　　　　　B. 公用电话系统　　C. 专用电缆　　　　D. 电视线路

60. 对 TCP/IP 协议的论述错误的是（　　　　）。

       A. 是目前使用最多的通信协议

       B. 是最完整的通信协议

       C. 是应用最广泛的通信协议

       D. 对于局域网来说，它是最简单、最快的网络通信协议

61. 互联网上的服务都是基于一种协议，远程登录是基于（　　　　）协议。

       A. SMTP　　　　　　B. TELNET　　　　　C. HTTP　　　　　　D. FTP

62. 中国的顶级域名是（　　　　）

       A. cn　　　　　　　B. ch　　　　　　　C. chn　　　　　　　D. china

63. 计算机网络可分为三类，它们是（　　　　）

       A. Internet、Intranet、Extranet

       B. 广播式网络、移动网络、点一点式网络

       C. X、25、ATM、B-ISDN

       D. LAN、MAN、WAN

64. 使用浏览器访问 Internet 上的 Web 站点时，看到的第一个画面称为（　　　　）。

       A. 主页　　　　　　B. Web 页　　　　　C. 文件　　　　　　D. 图像

65. 拨号上网过程中，连接到通话框出现时，填入的用户名和密码应该是（　　　　）

       A. 进入 Windows 时的用户名和密码　　B. 管理员的账号和密码

       C. ISP 提供的账号和密码　　　　　　　D. 邮箱的用户名和密码

66. 配置和使用 IP 地址时,对于网络地址的使用规则不正确的是(　　)。
    A. 网络地址必须是唯一的
    B. 网络地址不能以 127 开头
    C. 网络地址的各位不能全为 1,即 10 进制的 1
    D. 网络地址的各位不能全为 0

67. FTP 的进程端口号一般是(　　)。
    A. 80　　　　　　　B. 25　　　　　　　C. 23　　　　　　　D. 21

68. B 类 IP 地址默认的网络掩码是(　　)。
    A. 255.0.0.0　　　　　　　　　　B. 255.255.0.0
    C. 255.255.255.0　　　　　　　　D. 255.255.255.255

69. 以下(　　)不属于常见的可用的广域网接入资源。
    A. PSTN　　　　　B. ADSL　　　　　C. NAT　　　　　D. X.25

70. HTTP 是(　　)。
    A. 超文本标记语言　　　　　　　B. 超文本传输协议
    C. 搜索引擎　　　　　　　　　　D. 文件传输协议

71. 互联网中传输数据的基本单元是(　　)。
    A. IP 数据报　　　　B. 帧　　　　　C. 比特流　　　　D. 位

72. 100Base-T 使用哪一种传输介质(　　)。
    A. 同轴电缆线路　　B. 双绞线　　　C. 光纤　　　　　D. 红外线

73. IP 地址共有 5 类,常用的有(　　)类,其余留作其他用途。
    A. 1　　　　　　　B. 2　　　　　　　C. 3　　　　　　　D. 4

74. 路由器是(　　)层的设备。
    A. 物理层　　　　　B. 数据链路层　　C. 网络层　　　　D. 运输层

75. 以下有关 NAT 的论述错误的是(　　)。
    A. NAT 的中文意思是网络地址转换
    B. NAT 可以进行公有 IP 地址和私有 IP 地址之间的自动转换服务
    C. NAT 服务器有两个网络接口卡
    D. NAT 服务器不能提供 DHCP 服务和 DNS 代理服务

76. 网桥是(　　)层的设备。
    A. 物理层　　　　　B. 数据链路层　　C. 网络层　　　　D. 运输层

77. 以下以太网标准中,属于廉价的细缆以太网的是(　　)。
    A. 10Base5　　　　B. 10Base2　　　C. 10BaseT　　　D. 10BaseTX

78. 工作在 OSI 第二层的网络互联设备是(　　)。
    A. 中继器　　　　　B. 路由器　　　　C. 网桥　　　　　D. 网关

79. C 类 IP 地址的范围是(　　)。
    A. 0.1.0.0 ~ 126.0.0.0　　　　　　B. 128.0.0.0 ~ 191.255.0.0
    C. 192.0.1.0 ~ 223.255.255.0　　　D. 224.0.0.0 ~ 239.255.255.255

80. 在 OSI 参考模型中,在(　　)将比特流划分为帧。
    A. 物理层　　　　　B. 数据链路层　　C. 网络层　　　　D. 运输层

81. (　　)是文本传输协议,提供文件传送服务。

    A. HTTP　　　　　　B. FTP　　　　　　C. DNS　　　　　　D. DHCP

82. 中继器是用于(　　)层的设备。

    A. 物理层　　　　　B. 数据链路层　　　C. 网络层　　　　　D. 运输层

83. 市面上常见的 4 种 UTP 中,(　　)的最高数据传输速率为 10 Mb/s,适用于语音和 10 Mb/s 网络环境。

    A. 3 类　　　　　　B. 4 类　　　　　　C. 5 类　　　　　　D. 超 5 类

84. 完成路径选择功能是在 OSI 模型的(　　)。

    A. 物理层　　　　　B. 数据链路层　　　C. 网络层　　　　　D. 运输层

85. 在 TCP/IP 体系结构中,与 OSI 参考模型的网络层对应的是(　　)。

    A. 网络接口层　　　B. 互联层　　　　　C. 传输层　　　　　D. 应用层

86. 在 OSI 七层结构模型中,处于数据链路层与传输层之间的是(　　)。

    A. 物理层　　　　　B. 网络层　　　　　C. 会话层　　　　　D. 表示层

87. 下面对搜索引擎结果叙述正确的是(　　)。

    A. 搜索的关键字越长,搜索的结果越多

    B. 搜索的关键字越简单,搜索到的内容越少

    C. 要想快速达到搜索目的,搜索的关键字要尽可能具体

    D. 搜索的类型对搜索的结果没有影响

88. 网络中用交换机连接各计算机的结构属于(　　)。

    A. 总线结构　　　　B. 环型结构　　　　C. 星型结构　　　　D. 网状结构

89. 办公室原有的 10 台计算机都装有 WindowsXP/VISTA/10,现在要求实现网络上应用软件和硬件(办公室内的一台打印机)的共享,使用(　　)网络体系结构是最佳选择。

    A. C/S　　　　　　B. B/S　　　　　　C. Peer-to-peer　　D. 主机—终端机

90. 下面关于以太网的描述中,(　　)是正确的。

    A. 数据是以广播方式发送的

    B. 所有节点可以同时发送和接收数据

    C. 两个节点相互通信时,第 3 个节点不检测总线上的信号

    D. 网络中有一个控制中心,用于控制所有节点的发送和接受

91. 对于用集线器连接的共享式以太网,(　　)是错误的。

    A. 集线器可以放大所接收的信号

    B. 集线器将信息帧只发送给信息帧的目的地址所连接的端口

    C. 集线器所有节点属于一个冲突域和广播域

    D. 10 M 和 100 M 的集线器不可以互连

92. 计算机网络最突出的优点是(　　)。

    A. 运算速度快　　　　　　　　　　B. 联网的计算机能够相互共享资源

    C. 计算精度高　　　　　　　　　　D. 内存容量大

93. 关于 Internet,下列说法不正确的是(　　)。

    A. Internet 是全球性的国际网络　　　B. Internet 起源于美国

    C. 通过 Internet 可以实现资源共享　　　D. Internet 不存在网络安全问题

94. LAN 通常指(　　　)。

    A. 广域网　　　　　　B. 局域网　　　　　　C. 子源子网　　　　D. 城域网

95. 默认的 HTTP(超级文本传输协议)端口是(　　　)。

    A. 21　　　　　　　　B. 23　　　　　　　　C. 80　　　　　　　　D. 8080

96. 不属于动态网页的扩展名的是(　　　)。

    A. .asp　　　　　　　B. .jsp　　　　　　　C. .php　　　　　　D. .htm

97. 以下不属于即时通信软件的是(　　　)。

    A. 腾讯 QQ　　　　　B. 微信　　　　　　　C. 电子邮件　　　　D. MSN

98. 不属于网络拓扑结构的是(　　　)。

    A. 总线结构　　　　　B. 伞形结构　　　　　C. 星型结构　　　　D. 环形结构

99. 以下属于搜索引擎的关键技术的是(　　　)。

    A. 机器人技术　　　　B. 全文搜索　　　　　C. 目录搜索　　　　D. 元搜索

100. 有关在互联网发布网站描述正确的是(　　　)。

    A. 需要申请域名和空间　　　　　　　　　B. 仅需要申请空间

    C. 仅需要申请域名　　　　　　　　　　　D. 不需要申请域名和空间

101. 下面有关计算机病毒的说法,描述正确的是(　　　)。

    A. 计算机病毒是一个 MIS 程序

    B. 计算机病毒是对人体有害的传染性疾病

    C. 计算机病毒是一个能够通过自身传染,起破坏作用的计算机程序

    D. 计算机病毒是一段程序,只会影响计算机系统,但不会影响计算机网络

102. 计算机病毒具有(　　　)。

    A. 传播性、潜伏性、破坏性

    B. 传播性、破坏性、易读性

    C. 潜伏性、破坏性、易读性

    D. 传播性、潜伏性、安全性

103. 目前使用的防杀病毒软件的作用是(　　　)。

    A. 检查计算机是否感染病毒,并消除已感染的任何病毒

    B. 杜绝病毒对计算机的侵害

    C. 检查计算机是否感染病毒,并清除部分已感染的病毒

    D. 查出已感染的任何病毒,并清除部分已感染的病毒

104. 非法接收者在截获密文后试图从中分析出明文的过程称为(　　　)。

    A. 破译　　　　　　　B. 解密　　　　　　　C. 加密　　　　　　D. 攻击

105. 以下有关软件加密和硬件加密的比较,不正确的是(　　　)。

    A. 硬件加密,用户是透明的,而软件加密需要在操作系统或软件中写入加密程序

    B. 硬件加密的兼容性比软件加密好

    C. 硬件加密的安全性比软件加密好

    D. 硬件加密的速度比软件加密好

106. 计算机病毒的危害性表现在(　　　)。

    A. 造成计算机部分配置永久性失效

    B. 影响程序的执行或破坏用户数据与程序

    C. 不影响计算机的运行速度

    D. 不影响计算机的运行结果

107. 下列加密协议属于非对称加密的是(　　　)。

    A. RSA   B. DES   C. 3DES   D. AES

108. 3DES 加密协议密钥是(　　)位。

    A. 128   B. 56   C. 64   D. 1024

109. 下列不是身份认证的是(　　　)。

    A. 访问控制   B. 智能卡   C. 数字证书   D. 口令

110. 下面有关 SSL 的描述,不正确的是(　　　)。

    A. 目前大部分浏览器都内置了 SSL 协议

    B. SSL 协议分为 SSL 握手协议和 SSL 记录协议两部分

    C. SSL 协议中的数据压缩功能是可选的

    D. TLS 在功能和结构上与 SSL 完全相同

111. Windows 中的系统还原主要作用是(　　　)。

    A. 查杀计算机病毒

    B. 还原今天开机的状态

    C. 还原到以前设置还原点时的状态

    D. 还原昨天开机的状态

112. 验证某个信息在传送过程中是否被篡改,这属于(　　　)。

    A. 消息认证技术   B. 防病毒技术

    C. 加密技术   D. 访问控制技术

113. 以下四项中,不属于计算机安全的技术是(　　　)。

    A. 身份验证   B. 验证访问者的身份证

    C. 设置访问权限   D. 安装防火墙

114. 实现信息安全最基本、最核心的技术是(　　　)。

    A. 身份认证技术   B. 密码技术

    C. 访问控制技术   D. 防病毒技术

115. 关于加密技术,下面说法错误的是(　　　)。

    A. 消息以明文发送   B. 消息以密文发送

    C. 接收以密文接收   D. 密码经解密还原成明文

116. 下列情况中,破坏了信息的完整性的攻击是(　　　)。

    A. 木马攻击   B. 不承认做过信息的递交行为

    C. 信息在传输中途被篡改   D. 信息在传输中途被窃听

117. 下面能有效预防计算机病毒的方法是(　　　)。

    A. 尽可能地多做磁盘碎片整理   B. 及时升级防病毒软件

    C. 尽可能地多做磁盘清理　　　　　　　　D. 把重要文件压缩存放

118. 下面说法中正确的是(　　　)。

    A. 计算机安全包括硬件资源的安全、软件资源的安全以及系统安全

    B. 计算机安全包括除上述所说的内容外,还包括计算机工作人员的人身安全

    C. 计算机安全技术对安装了盗版软件的计算机无能为力

    D. 对未联网的计算机而言,计算机安全技术就是做好防病毒工作

119. 系统安全主要是指(　　　)。

    A. 应用系统安全　　　　　　　　　　　B. 硬件系统安全

    C. 数据库系统安全　　　　　　　　　　D. 操作系统安全

120. 下列不属于计算机病毒特性的是(　　　)。

    A. 传染性　　　　　B. 潜伏性　　　　　C. 可预见性　　　　　D. 破坏性

121. 下列关于计算机病毒的叙述中,错误的是(　　　)。

    A. 计算机病毒是一个标记

    B. 计算机病毒是人为编制的一种程序

    C. 计算机病毒可以通过磁盘、网络等媒介传播、扩散

    D. 计算机病毒具有隐蔽性、传染性和破坏性

122. 下面无法预防计算机病毒的做法是(　　　)。

    A. 给计算机安装卡巴斯基软件

    B. 经常升级防病毒软件

    C. 给计算机加上口令

    D. 不要轻易打开陌生人的邮件

123. 下面关于系统更新说法正确的是(　　　)。

    A. 系统需要更新是因为操作系统存在着漏洞

    B. 系统更新后,可以不再受病毒的攻击

    C. 即使计算机无法上网,系统更新也会自动进行

    D. 所有的更新应及时下载安装,否则系统会很快崩溃

124. 下面关于计算机安全属性的说法不正确的是(　　　)。

    A. 保密性、完整性、不可抵赖性、可靠性等

    B. 保密性、完整性、不可抵赖性、可用性等

    C. 可靠性、完整性、保密性、正确性等

    D. 保密性、完整性、可用性、可靠性等

125. 计算机的安全属性不包括(　　　)。

    A. 信息的可靠性　　　　　　　　　　　B. 信息的完整性

    C. 信息的可审性　　　　　　　　　　　D. 信息语义的正确性

126. 保证信息不暴露给未经授权的实体是指信息的(　　　)。

    A. 可靠性　　　　　B. 可用性　　　　　C. 完整性　　　　　D. 保密性

127. 下列不属于可用性服务的技术是(　　　)。

    A. 备份　　　　　　B. 身份鉴别　　　　C. 在线恢复　　　　D. 灾难恢复

128. 甲明明发了邮件给乙,但矢口否认,这破坏了信息安全中的(　　)。

    A. 保密性　　　　　B. 不可抵赖性　　　C. 可用性　　　　　D. 可靠性

129. 计算机安全中的系统安全是指(　　)。

    A. 系统操作员的人身安全

    B. 计算机系统中的每个软件实体能安全使用

    C. 操作系统本身的安全

    D. 物理安全,即物理设备不被破坏以及对电磁辐射、搭线窃听等破坏行为的预防

130. 从技术上讲,计算机安全不包括(　　)。

    A. 实体安全　　　　　　　　　　　B. 系统安全

    C. 信息安全　　　　　　　　　　　D. 计算机制造安全

131. 下面关于防火墙说法正确的是(　　)。

    A. 简单的防火墙可以不用专门的硬件支持来实现

    B. 防火墙只能防止内网攻击外网,而不能防止外网攻击内网

    C. 所有的防火墙都能准确地检测出攻击来自哪台计算机

    D. 防火墙可以预防大多数病毒的攻击

132. 下面最难防范的网络攻击是(　　)。

    A. 计算机病毒　　　B. 假冒　　　　　　C. 操作失误　　　　D. 窃听

133. 下面能有效预防计算机病毒的方法是(　　)。

    A. 尽可能地多做磁盘碎片整理　　　B. 及时升级防病毒软件

    C. 尽可能地多做磁盘清理　　　　　D. 把重要文件压缩存放

134. 计算机病毒不可能潜伏在(　　)。

    A. 外存　　　　　　B. 内存　　　　　　C. 光盘　　　　　　D. U 盘

135. 关于防火墙的功能,说法错误的是(　　)。

    A. 所有进出网络的通信流必须经过防火墙

    B. 所有进出网络的通信流必须有安全策略的确认和授权

    C. 防火墙能保护站点不被任意连接

    D. 防火墙的安全策略一旦设置,再也无法修改

136. 有些计算机病毒要破坏计算机硬盘上的数据,它主要破坏信息的(　　)。

    A. 可审性　　　　　B. 及时性　　　　　C. 完整性　　　　　D. 保密性

137. 计算机安全的属性不包括(　　)。

    A. 信息的保密性　　　　　　　　　B. 信息的完整性

    C. 信息的可用性　　　　　　　　　D. 信息合理性

138. 下面关于计算机病毒说法正确的是(　　)。

    A. 计算机病毒不能破坏硬件系统

    B. 计算机防病毒软件可以查出和清除所有病毒

    C. 计算机病毒的攻击是有条件的

    D. 计算机病毒只感染 exe 或 com 文件

139. 下面不是信息安全所能解决的问题是(　　)。

    A. 要保障信息不会被非法阅读

    B. 要保障信息不会被非法修改

    C. 要保障信息不会被非法泄露

    D. 要保障信息内容是真实的

140. 计算机安全的属性不包括(　　)。

    A. 信息的保密性　　　　　　　　　　B. 信息的完整性

    C. 信息的可靠性　　　　　　　　　　D. 信息的客观性

141. 闵某在网友的鼓动下进入某大宗商品现货交易平台开户,投入 2 万元进行沥青买卖交易,在网友推荐的"老师"指导下,两天亏损近 1 万元。之后,又在另外一个"老师"的指导下,闵某不仅赚回亏损的 1 万元,还盈利 2000 元。尝到甜头的闵某在"老师"的鼓动下,又投入 6 万元。随后几天,闵某仅两天就将所有的钱亏完,直到这时他才意识到自己被骗了,于是立刻报警,这个案例属于(　　)。

    A. "网络购物"　　　　　　　　　　B. "网络投资"

    C. "网络金融"　　　　　　　　　　D. "网络集资"

142. 网络运营者按照网络安全等级保护制度的要求,采取监测、记录网络运行状态、网络安全事件的技术措施,按照规定留存相关的网络日志不少于(　　)。

    A. 2 个月　　　　　B. 3 个月　　　　　C. 6 个月　　　　　D. 12 个月

143. 国家对公共通信和信息服务、能源、交通、水利、金融、公共服务、(　　)等重要行业和领域,在网络安全等级保护制度的基础上,实行重点保护。

    A. 电子商务　　　　　　　　　　　　B. 电子政务

    C. 电子商务和电子政务　　　　　　　D. 互联网商务

144. 以下对使用云计算服务的理解哪些是正确的(　　)。

    A. 云计算是高科技,××是大公司,所以××云上的虚拟机肯定安全,可以放心存放用户的各种信息

    B. 云计算里的虚拟机不是自己的主机,可以随便折腾,安装各种恶意软件

    C. 云中的主机也需要考虑安全性,云服务商应该定期打补丁,安装杀毒软件

    D. 云计算中的数据存放在别人的计算机中不安全,不要使用

145. 云计算是对(　　)技术的发展与运用。

    A. 并行计算　　　　B. 网格计算　　　　C. 分布式计算　　　　D. 以上三者

146. 互联网就是一个超大云,该说法(　　)。

    A. 正确　　　　　　　　　　　　　　B. 错误

147. 以下不属于桌面虚拟化技术架构的选项是(　　)。

    A. SaaS　　　　　　B. PaaS　　　　　　C. IaaS　　　　　　D. HaaS

148. 将平台作为服务的云计算类型是(　　)。

    A. SaaS　　　　　　B. PaaS　　　　　　C. IaaS　　　　　　D. HaaS

149. IaaS 是( )的简称。

    A. 软件即服务   B. 平台即服务

    C. 基础设施即服务   D. 硬件即服务

150. 亚马逊 AWS 提供的云计算服务类型是( )。

    A. SaaS   B. PaaS   C. IaaS   D. 以上三者

151. 云计算就是把计算资源都放到( )上。

    A. 局域网   B. 广域网   C. 因特网   D. 无线网

152. ( )是指在云计算基础设施上为用户提供应用软件部署和运行环境的服务。

    A. SaaS   B. PaaS   C. IaaS   D. HaaS

153. 当前云计算面临的最大问题是( )。

    A. 服务器   B. 储存   C. 计算   D. 节能

154. 当前大数据的技术基础是由( )首先提出的。

    A. 微软   B. 亚马逊   C. 谷歌   D. 阿里巴巴

155. 大数据的起源是( )。

    A. 金融   B. 电信   C. 互联网   D. 公共管理

156. 大数据最显著的特征是( )。

    A. 数据规模大   B. 数据类型多

    C. 数据处理速度快   D. 数据价值密度高

157. 下列关于大数据的分析理念的说法中,错误的是( )。

    A. 在数据基础上倾向于全体数据而不是抽样数据

    B. 在分析方法上更关注相关分析而不是因果分析

    C. 在分析效果上更追求效率而不是精确

    D. 在数据规模上强调相对数据而不是绝对数据

158. 大数据时代,数据使用的关键是( )。

    A. 数据收集   B. 数据储存   C. 数据分析   D. 数据再利用

159. 智慧城市的构建,不包含( )。

    A. 数字城市   B. 物联网   C. 联网监控   D. 云计算

160. 大数据环境下的隐私担忧,主要表现为( )。

    A. 个人信息的被识别与暴露   B. 用户画像的生成

    C. 恶意广告的推送   D. 病毒入侵

161. 关于大数据在社会综合治理中的作用,以下理解不正确的是( )。

    A. 大数据的运用有利于走群众路线

    B. 大数据的运用能够维护社会治安

    C. 大数据的运用能够杜绝抗生素的滥用

    D. 大数据的运用能够加强交通管理

162. 第一个提出大数据概念的公司是( )。

　　A. Facebook　　　　　B. 麦肯锡　　　　　C. 谷歌　　　　　D. 微软

163. 计算机的以下储存单位中,最大的是(　　　)。

　　A. GB　　　　　　　B. TB　　　　　　　C. PB　　　　　　D. ZB

164. 首次提出"人工智能"是在(　　　)年。

　　A. 1946　　　　　　B. 1960　　　　　　C. 1916　　　　　D. 1956

165. 人工智能应用研究的两个最重要最广泛领域为(　　　)。

　　A. 专家系统、自动规划　　　　　　　　B. 专家系统、机器学习

　　C. 机器学习、智能控制　　　　　　　　D. 机器学习、自然语言理解

166. 人工智能的目的是让机器能够(　　　),实现某些脑力劳动的机械化。

　　A. 具有完全的智能　　　　　　　　　　B. 和人脑一样思考问题

　　C. 完全替代人　　　　　　　　　　　　D. 模拟、延伸和扩展人的智能

167. 自然语言理解是人工智能的重要应用领域,以下(　　　)不属于该领域的目标。

　　A. 理解别人讲话　　　　　　　　　　　B. 对人的讲话进行分析概括

　　C. 欣赏音乐　　　　　　　　　　　　　D. 翻译

168. 人工智能的发展历程可以划分为(　　　)。

　　A. 诞生期和成长期　　　　　　　　　　B. 形成期和发展期

　　C. 初期和中期　　　　　　　　　　　　D. 低谷期和巅峰期

169. 下列(　　　)应用领域不属于人工智能。

　　A. 人工神经网络　　　　　　　　　　　B. 自动控制

　　C. 自然语言学习　　　　　　　　　　　D. 专家系统

170. 自动识别系统属于人工智能的(　　　)应用领域。

　　A. 自然语言理解　　　　　　　　　　　B. 机器学习

　　C. 专家系统　　　　　　　　　　　　　D. 人类感官模拟

171. A. I. 的英文缩写是(　　　)。

　　A. Automatic Intelligence　　　　　　　B. Artificial Intelligence

　　C. Automatic Information　　　　　　　D. Artificial Information

172. 人工智能的含义最早由一位科学家于 1950 年提出,并且同时提出一个机器智能的测试模型,这位科学家是(　　　)。

　　A. 图灵　　　　　　B. 特斯拉　　　　　C. 冯．诺伊曼　　　D. 杰米斯

173. 神经网络系统是对人脑的(　　　)。

　　A. 复制　　　　　　B. 模拟　　　　　　C. 再现　　　　　D. 投影

174. 被称为世界信息产业第三次浪潮的是(　　　)。

　　A. 计算机　　　　　B. 互联网　　　　　C. 传感网　　　　D. 物联网

175. 物联网中常提到的"M2M"概念不包括(　　　)。

　　A. 机器到人(Machine to Man)　　　　　B. 人到机器(Man to Machine)

　　C. 人到人(Man to Man)　　　　　　　　D. 机器到机器(Machine to Machine)

176. 以下( )不属于自动识别技术。

  A. RFID 射频识别技术   B. 无线通信技术

  C. 虹膜识别技术   D. 手写识别技术

177. "物联网"描述正确的英文单词是( )。

  A. Internet of Objects   B. Internet of Things

  C. Internet of All   D. Internet of Technology

178. 物联网的一个重要功能是促进( ),这是互联网、传感器网络所不能及的。

  A. 自动化   B. 智能化   C. 低碳化   D. 无人化

179. 物联网的核心和基础是( )。

  A. 无线通信网   B. 传感器网络

  C. 互联网   D. 有线通信网

180. ( )首次提出了物联网的雏形。

  A. 乔布斯   B. 比尔·盖茨   C. 图灵   D. 贝尔

181. 2009 年 10 月,( )提出了"智慧地球"。

  A. IBM   B. 微软   C. 三星   D. 索尼

182. 物联网的感知识别层不包含( )。

  A. RFID   B. 温度传感器   C. 嗅觉传感器   D. 震动传感器

183. 物联网与 5G 技术结合,最主要利用了 5G 技术的( )特性。

  A. 增强型移动宽带   B. 低功耗大连接

  C. 低时延高可靠   D. 覆盖能力强

184. ( ),国务院印发了《新一代人工智能发展规划》。

  A. 2017.7.8   B. 2018.8.9   C. 2019.9.10   D. 2020.1.2

185. 5G 在( )年,正式于中国进行商用建设。

  A. 2017   B. 2018   C. 2019   D. 2020

186. 大数据的核心就是( )。

  A. 告知和许可   B. 预测   C. 匿名化   D. 规模化

187. 大数据的发展,使信息技术变革的重点从关注技术转向关注( )。

  A. 信息   B. 数字   C. 文字   D. 方位

188. 以下( )不是大数据技术常用的工具。

  A. Hadoop   B. Spark   C. HDFS   D. MacOS

189. 物联网远程医疗,可以通过在病人身边增设( ),以提供更全面的患者信息。

  A. RFID 设备   B. 移动网络   C. 无线传感网络   D. GPS 定位

190. 云计算技术的研究重点是( )。

  A. 服务器制造   B. 资源整合

  C. 网络设备制造   D. 数据中心制造

191. 网页 QQ 属于( )。

A. SAAS　　　　　B. PAAS　　　　　C. IAAS　　　　　D. HAAS

192. 云计算的可配置计算资源共享池不包括(　　)。

A. 路由器　　　　B. 网络　　　　　C. 服务器　　　　D. 软件

193. 5G 的基本特点不包括(　　)。

A. 高速　　　　　B. 低功耗　　　　C. 低延迟　　　　D. 低密度

项目三

使用 Word 2013 制作文档

一、单选题

1. 在 Word 的编辑状态,按先后顺序打开了 D1. doc,D2. doc,D3. doc,D4. doc 四个文档,则当前活动窗口是(   )文档的窗口。

    A. D4. doc   B. D2. doc   C. D1. doc   D. D3. doc

2. 如果分栏的栏间需要竖线,正确的操作是(   )。

    A. 选择【格式】→【分栏】命令,然后进行相关设置

    B. 选择【格式】→【制表位】命令,然后进行相关设置

    C. 利用绘图工具栏中的直线工具,在栏间画一条线

    D. 选择【窗口】→【拆分】命令

3. 在 Word 中输入文本时,当输入满一行时会自动换到下一行,这样的换行是插入了一个(   )。

    A. 硬回车符   B. 分页符   C. 软回车符   D. 分节符

4. 在 Word 的编辑状态打开了一个文档,对文档没做任何修改,随后单击 Word 主窗口标题栏上的【关闭】按钮,则(   )。

    A. 仅文档窗口被关闭   B. 文档和 Word 主窗口全被关闭

    C. 文档和 Word 主窗口全未被关闭   D. 仅 Word 主窗口被关闭

5. 在 Word 文档的段落格式化中,用(   )来调整段落的缩进方式会更方便。

    A. 对话框   B. 菜单栏   C. 水平标尺   D. 快捷菜单

6. 在 Word 的主菜单中,含有【段落】命令的菜单是(   )。

    A. 视图   B. 插入   C. 工具   D. 格式

7. 在 Word 编辑状态,进行字体设置操作后,按新设置字体显示的文字是(   )。

    A. 插入点所在段落中的文字   B. 插入点所在行中的文字

    C. 文档中被选择的文字   D. 文档的全部文字

8. Word 具有插入功能,下列关于插入的说法中错误的是(   )。

    A. 可以插入声音文件   B. 可以插入超链接

C. 插入后的对象无法更改　　　　　　　D. 可以插入多种类型的图片

9. WPS、Word 等字处理软件属于(　　　)。

    A. 系统软件　　　　　B. 网络软件　　　　　C. 应用软件　　　　　D. 管理软件

10. 在 Word 文档的编辑中,先选定若干个字符,接着输入了另几个字符,其结果是(　　　)。

    A. 从选定文字的后面自动分段,在下一段的开头添加新输入的字符

    B. 由新输入的字符替换了被选定的字符

    C. 在选定文字的后面添加了新输入的几个字符

    D. 在选定文字的前面添加了新输入的几个字符

11. 在 Word 中,具有【新建】、【打开】、【保存】、【打印】等按钮的是(　　　)。

    A.【格式】工具栏　　B. 菜单栏　　　　　C.【绘图】工具栏　　D. 常用工具栏

12. 在 Word 中,先选定文字,然后单击【剪切】按钮,改变插入点位置后再单击【粘贴】按钮,则这一系列操作的作用是(　　　)。

    A. 文本复制　　　　　B. 文本删除　　　　　C. 文本移动　　　　　D. 文本更改

13. 在 Word 文档的编辑中,将"计算机应用能力的考试"改为"计算机应用能力考试"(把"的"字去掉),不可以用的方法是(　　　)。

    A. 插入点在"的"的后面按【Backspace】键

    B. 把"的"字选定按【Delete】键

    C. 插入点在"的"的前面按【Backspace】键

    D. 插入点在"的"的前面按【Delete】键

14. 在 Word 文字编辑中,不能实现的功能是(　　　)。

    A. 把当前文档保存成一个纯文本文档

    B. 把选定的英文单词翻译成相应的中文词

    C. 把文档的标题文字设置成不同的颜色

    D. 打开一个低版本的文档

15. 不属于 Word 软件功能的是(　　　)。

    A. 图形处理　　　　　B. 文档处理　　　　　C. 网络通信　　　　　D. 表格制作

16. 在 Word 主窗口中,显示有文档的页数、页码、节数、节号的组件是(　　　)。

    A. 状态栏　　　　　　B. 标题栏　　　　　　C. 菜单栏　　　　　　D. 工具栏

17. 在 Word 中,要把整个文档中的所有"电脑"一词修改成"计算机"一词,可能使用的功能是(　　　)。

    A. 替换　　　　　　　B. 改写　　　　　　　C. 自动替换　　　　　D. 查找

18. 在一个中英文混排的 Word 文档编辑中,可以进行的选定操作是(　　　)。

    A. 选定所有的英文文字　　　　　　　　B. 选定满足某一条件的文字

    C. 选定不连续的文字　　　　　　　　　D. 选定不同段落的文字

19. Word 文档的默认扩展名是(　　　)。

    A. htm　　　　　　　B. bmp　　　　　　　C. txt　　　　　　　　D. doc

20. 粘贴是把存放在剪贴板中的信息复制到指定位置,存入剪贴板中的信息,可以用来

粘贴( )。

  A. 多次   B. 三次   C. 一次   D. 二次

  21. 当前被编辑的文档中的字体全是宋体字,选择了一段文字后,先设定了楷体,又改设为仿宋体,则( )。

    A. 被选择的内容变为仿宋体,其余的文字仍为宋体

    B. 被选择的内容仍为宋体,其余的文字变成仿宋体

    C. 被选择的内容变为楷体,其余的文字变为仿宋体

    D. 被选择的内容变为楷体,其余的文字仍为宋体

  22. 在 Word 的【字体】对话框中,不能设置的字符格式是( )。

    A. 三维效果 B. 加删除线 C. 更改颜色 D. 字符大小

  23. Word 中共有( )种段落缩进方式。

    A. 三   B. 四   C. 六   D. 五

  24. 启动 Word 之后,空白文档的名字是( )。

    A. 文档 . doc B. 新文件 1. doc C. 新文档 . doc D. 文档 1. doc

  25. 在 Word 中,段落缩进后文本相对于打印纸纸边的距离等于( )。

    A. 页边距 – 缩进距离   B. 页边距 + 缩进距离

    C. 缩进距离   D. 页边距

  26. 在 Word 的【页面设置】对话框中,不能设置的选项为( )。

    A. 字体   B. 纸张大小 C. 纸型   D. 装订线

  27. 在 Word 编辑状态,选择了当前文档中的一个段落,进行"清除"操作(或按 Delete 键),则( )。

    A. 该段落被移到【回收站】内

    B. 该段落被删除但能恢复

    C. 该段落被删除且不能恢复

    D. 能利用【回收站】恢复被删除的该段落

  28. 在 Word 编辑状态,打开了 W1. doc 文档,把当前文档以 W2. doc 为名进行"另存为"操作后,则( )。

    A. W1. doc 和 W2. doc 全被关闭   B. 当前文档是 W1. doc 和 W2. doc

    C. 当前文档是 W1. doc   D. 当前文档是 W2. doc

  29. 在 Word 中插入的图片( )。

    A. 不能自行绘制,只能从 Office 的剪辑库中插入

    B. 可以嵌入文本段落中

    C. 文档中的图片只能显示,无法用打印机打印输出

    D. 图片的位置可以改变,但大小不能改变

  30. 在 Word 文字处理系统中,每一个段落都有一个段落标记,该段落标记出现在( )。

    A. 段落当中的某一个位置   B. 段落左侧的页面空白处

    C. 段落的起始位置   D. 段落的结束位置

31. 在 Word 的文字编辑中,无法设置的段落对齐方式是(　　)。

　　A. 两端对齐　　　　B. 居中对齐　　　　C. 分散对齐　　　　D. 靠上对齐

32. 在 Word 应用程序主窗口中,【符号】命令位于(　　)选项卡中。

　　A. 视图　　　　　　B. 编辑　　　　　　C. 文件　　　　　　D. 插入

33. 对 Word 软件功能说法不正确的是(　　)。

　　A. 不能在 Word 中打开文本文件

　　B. 可以在 Word 中制作表格,进行数据统计

　　C. 使用 Word"自选图形"功能可以画出较复杂的图形

　　D. 它可以编辑文字,也可以编辑图形

34. 在 Word 中进行段落格式化,不存在的段落内行距设置是(　　)。

　　A. 按最小值设置　　B. 按最大值设置　　C. 按固定值设置　　D. 按二倍行距设置

35. Word 文字处理系统的文字编辑方式是(　　)。

　　A. 行编辑　　　　　B. 页编辑　　　　　C. 段编辑　　　　　D. 全屏幕编辑

36. 在 Word 主窗口的右上角,可以同时显示的按钮是(　　)。

　　A. 最小化、还原和关闭　　　　　　　　B. 还原和最大化

　　C. 最小化、还原和最大化　　　　　　　D. 还原、最大化和关闭

37. Word 所不包含的功能是(　　)。

　　A. 编译　　　　　　B. 打印　　　　　　C. 排版　　　　　　D. 编辑

38. 在使用 Word 编辑文档时,假设插入点在第一段最末位置,如果按【Delete】键,其结果是(　　)。

　　A. 把第二段的第一个字符删除掉

　　B. 把第一段落全部删除

　　C. 仅删除第一段最末行的最后一个字符

　　D. 把第一段落和第二段落合并成了一个段落

39. 在 Word 的文档编辑中,如果选定的文字块中含有几种不同字号的汉字,则在工具栏的"字号"下拉列表中,显示出的字号是(　　)。

　　A. 空白　　　　　　　　　　　　　　　B. 选定文字块中最后一个汉字的字号

　　C. 文字块中使用最多的字号　　　　　　D. 选定文字块中的第一个汉字的字号

40. Word 的【文件】菜单底部显示的文件名所对应的文件是(　　)。

　　A. 当前被操作的文档　　　　　　　　　B. 当前已经打开的所有文档

　　C. 扩展名是 doc 的所有文档　　　　　　D. 最近被操作过的文档

41. 在 Word 的编辑状态,连续进行了两次"插入"操作,当单击一次【撤消】按钮后(　　)。

　　A. 将第一次插入的内容取消　　　　　　B. 将第二次插入的内容取消

　　C. 将两次插入的内容全部取消　　　　　D. 两次插入的内容都不被取消

42. 在 Word 中不能进行的文档操作是(　　)。

　　A. 当前文档与另一同类型的文档合并成一个新文档

　　B. 打开纯文本文档

C. 删除当前文档

D. 当前文档保存为纯文本文档

43. Word 的主要功能是(　　)。

  A. 文档的编辑排版   B. 文档的编译

  C. 文档的输入输出   D. 文档的校对检查

44. 进入 Word 后,打开了一个已有文档 W1. doc,又进行了"新建"操作,则(　　)。

  A. "新建"操作失败

  B. W1. doc 和新建文档均处于打开状态

  C. 新建文档被打开,但 W1. doc 被关闭

  D. W1. doc 文档被关闭

45. 下面哪种方法可以选择一个矩形的文字块(　　)。

  A. 按住【Alt】键,再按下鼠标左键,并拖动到矩形字块的右下角

  B. 按住【Shift】键,再按下鼠标左键,并推动到进行字块的右下角

  C. 按住【Ctrl】键,再按下鼠标左键,并拖动到矩形字块的右下角

  D. 不能一次选定,只能分步来选

46. 若要将一些文本内容设置为黑体字,则先要(　　)。

  A. 单击"B"按钮   B. 选定   C. 单击"A"按钮   D. 单击"U"按钮

47. Word 文档的编辑中,以下键盘命令中不是剪贴板操作命令的是(　　)。

  A.【Ctrl + X】   B.【Ctrl + A】   C.【Ctrl + V】   D.【Ctrl + C】

48. 在 Word 编辑状态,打开了"W1. doc"文档,若要将经过编辑后的文档以"W2. doc"为名存盘,应当执行【文件】菜单中的(　　)命令。

  A. 保存   B. 另存为 HTML   C. 另存为   D. 版本

49. 在 Word 编辑状态,可以同时显示水平标尺和垂直标尺的视图方式是(　　)。

  A. 大纲   B. 普通   C. 页面   D. 全屏显示

50. 当前活动窗口是文档 D1. doc 的窗口,单击该窗口的【最小化】按钮后(　　)。

  A. 该窗口和 D1. doc 文档都被关闭

  B. 不显示 D1. doc 文档内容,但 D1. doc 文档并未关闭

  C. 关闭了 D1. doc 文档,但该窗口并未关闭

  D. D1. doc 文档未关闭且继续显示其内容

51. 在 Word 编辑状态,被编辑的文档中的文字有"四号""五号""16 磅""18 磅"四种,则所设定字号大小比较(　　)。

  A. 字的大小一样,字体不同   B. "16 磅"大于"18 磅"

  C. "四号"小于"五号"   D. "四号"大于"五号"

52. 在 Word 文档中,【Ctrl + A】组合键表示(　　)。

  A. 选定多行文字   B. 选定一段文字   C. 选定一个句子   D. 选定整个文档

53. 在 Word 编辑区中,删除插入点后的字符用(　　)键。

  A.【Delete】   B.【Insert】   C.【Backspace】   D.【Esc】

54. 在 Word 中,不能进行的字体格式设置是(　　)。

　　　　A. 文字的旋转　　　　B. 文字的下划线　　　C. 文字的缩放　　　　D. 文字的颜色

55. 将 Word 文档中部分内容移动位置,首先要进行的操作是(　　　)。

　　　　A. 光标定位　　　　B. 复制　　　　　　C. 粘贴　　　　　　D. 选定内容

56. 在 Word 中,插入点的形状是(　　　)。

　　　　A. 箭头　　　　　　B. 沙漏　　　　　　C. 闪动的横线　　　D. 闪动的竖线

57. 在 Word 的文档编辑区,不存在的组件是(　　　)。

　　　　A. 水平标尺　　　　B. 菜单栏　　　　　C. 滚动条　　　　　D. 插入点

58. 在用 Word 编辑文本时,为把一段文字移动到另一段文字的尾部,可以使用的操作是(　　　)。

　　　　A. 复制 + 粘贴　　　B. 复制　　　　　　C. 剪切　　　　　　D. 剪切 + 粘贴

59. 在 Word 的编辑状态,执行【粘贴】命令后,则(　　　)。

　　　　A. 将文档中被选择的内容复制到当前插入点处

　　　　B. 将剪贴板中的内容移动到当前插入点处

　　　　C. 将剪贴板中的内容复制到当前插入点处

　　　　D. 将文档中被选择的内容移到剪贴板

60. 在 Word 的编辑状态,当前正在编辑一个新建文档"文档 1. doc",当执行【文件】菜单中的【保存】命令后,(　　　)。

　　　　A. 不能以"文档 1. doc"存盘　　　　　B. 弹出【另存为】对话框

　　　　C. 自动以"文档 1. doc"存盘　　　　　D. 该"文档 1. doc"被存盘

61. 在 Word 中,当鼠标指针指向已经选定的文本时,鼠标指针的形状会变成(　　　)。

　　　　A. 手形　　　　　　B. 沙漏　　　　　　C. 竖线　　　　　　D. 箭头

62. 在 Word 软件中,设置文字字体时,不能设置的是(　　　)。

　　　　A. 字号　　　　　　B. 字符颜色　　　　C. 字体　　　　　　D. 行间距

63. 在 Word 中,关于段落的说法中正确的是(　　　)。

　　　　A. 段落中字符之间的间距可以通过【段落】对话框调整

　　　　B. 段落是文本中由段落结束标志分隔而成的部分

　　　　C. 一个段落必须由多行组成

　　　　D. 同一段落中的文本字体格式完全相同

64. 在 Word 的哪种视图方式下,可以显示分页效果(　　　)。

　　　　A. 大纲　　　　　　B. web 版式　　　　C. 普通　　　　　　D. 页面

65. 如果 Word 表格中同列单元格的宽度不合适时,可以利用(　　　)进行调整。

　　　　A. 水平标尺　　　　　　　　　　　　　B. 滚动条

　　　　C. 垂直标尺　　　　　　　　　　　　　D. 表格自动套用格式

二、多选题

1. 在 Word 环境下,进行打印设置,说法错误的是(　　　)。

　　　　A. 只能打印文档的全部信息　　　　　　B. 可以打印多份

　　　　C. 一次只能打印一份　　　　　　　　　D. 不能跳页打印

2. 在 Word 表格中,单元格对齐方式有(　　　)。

A. 靠下右对齐　　　B. 靠上两端对齐　　C. 倾斜某个角度　　D. 中部居中

3. 关于 Word 的打印预览,叙述正确的是(　　　)。

    A. 如果系统没有打印机,就不能使用打印预览

    B. 一定要先打印预览,然后才能打印

    C. 可以不通过打印预览就直接进行打印

    D. 在"打印预览"状态下,可以对预览内容进行放大或缩小,以便观察输出结果

4. 在 Word 中段落对齐的方式有(　　　)。

    A. 两端对齐　　　　B. 居中　　　　C. 分散对齐　　　　D. 右对齐

5. 在 Word 文档中不能打印输出的对象是(　　　)。

    A. 标尺　　　　B. 双删除线　　　　C. 批注　　　　D. 文字的动态效果

6. 下列(　　　)是 Word 邮件合并的必须步骤。

    A. 完成主文档和数据源的合并　　　　B. 建立主文档

    C. 连接数据源　　　　D. 打印数据源

7. 关于 Word 的文字编辑状态的光标,哪些是正确的(　　　)。

    A. 可以用鼠标改变光标位置　　　　B. 录入文字后,光标位置会自动后移

    C. 光标位置不能改变　　　　D. 光标闪烁的位置是录入文字的位置

8. Word 中,以下(　　　)文件(对象)可以插入到文档中。

    A. ABC. bmp　　　　B. 艺术字　　　　C. 数学公式　　　　D. 剪贴画

9. 对于选定的文本可以进行(　　　)。

    A. 删除　　　　B. 加边框　　　　C. 加下划线　　　　D. 移动

10. 关于 Word 的打印,叙述正确的是(　　　)。

    A. 在一次打印中,可以打印输出不连续的页(如第 2,5,7 这三页)

    B. 在一次打印中,可以将要打印的文件输出多份(如 3 份)

    C. 一次只能打印一页或者全部页

    D. 可以打印指定页

三、判断题

1. 在 Word 中,人工分页符不可以删除。　　　　　　　　　　　　　　　　(　　　)

2. 格式刷只能复制字符格式。　　　　　　　　　　　　　　　　　　　　(　　　)

3. Word 可以为文档自动生成目录结构。　　　　　　　　　　　　　　　　(　　　)

4. 移动、复制文本时需先选中文本。　　　　　　　　　　　　　　　　　　(　　　)

5. 首次保存 Word 文档时,不能设置文档的打开和修改密码。　　　　　　　(　　　)

6. Word 环境下,可以在编辑文件的同时又打印另外一份文件。　　　　　　(　　　)

7. 在 Word 应用程序中,绘制和编辑图形只可在"页面"视图下进行。　　　(　　　)

8. 在 Word 中,如果要对文档设置奇偶页不同内容的页眉,应该在【页面设置】中选中
【奇偶页不同】复选框,再分别设置奇偶页的页眉内容。　　　　　　　　　　(　　　)

9. 在 Word 中保存文档时,扩展名只能为 . doc。　　　　　　　　　　　　(　　　)

10. 在 Word 环境下,文档中段与段之间的距离是固定的,不能调整。　　　(　　　)

项目四

使用 Excel 2013 制作电子表格

一、单选题

1. Excel 的主要功能是（　　）。
    A. 表格处理、文字处理、文件管理
    B. 表格处理、网络通信、图形处理
    C. 表格处理、数据库处理、图形处理
    D. 表格处理、数据处理、网络通信

2. Excel 是一种常用的（　　）软件。
    A. 文字处理　　　　　B. 电子表格　　　　　C. 打印、印刷　　　　D. 办公应用

3. 关于跨越合并的叙述，下列错误的是（　　）。
    A. 选定的单元格区域则合并为一个单元格
    B. 如果所选单元格每一行都有值，则分别合并，仅保留左上角单元格的值
    C. 数据左对齐
    D. 数据居中对齐

4. 如果某单元格显示为若干个"#"号（如"#######"），这表示（　　）。
    A. 公式错误　　　　　B. 数据错误　　　　　C. 行高不够　　　　D. 列宽不够

5. 在 Excel 2013 中，单元格行高的调整可通过（　　）进行。
    A. 拖动行号上的边框线
    B. 选择【开始】→【单元格】→【格式】→【行高】命令
    C. 双击行号上的边框线
    D. 以上都可以

6. 在 Excel 2013 中存储和处理数据的文件是（　　）。
    A. 工作簿　　　　　B. 工作表　　　　　C. 单元格　　　　D. 活动单元格

7. 在 Excel 2013 中打开【打开】对话框，可按（　　）组合键。
    A.【CTRL + N】　　　　　　　　　　　B.【CTRL + S】
    C.【CTRL + O】　　　　　　　　　　　D.【CTRL + Z】

8. 一个 Excel 工作簿中含有( )个默认工作表。

    A. 1   B. 3   C. 16   D. 256

9. 在 Excel 2013 中,若希望确认工作表上输入数据的正确性,可以为单元格区域指定输入数据的( )。

    A. 有效性条件   B. 条件格式

    C. 无效范围   D. 正确格式

10. 以下关于【选择性粘贴】命令的使用,不正确的说法是( )。

    A. 用鼠标的拖动操作可以实现"复制""剪切"功能

    B. 【粘贴】命令和【选择性粘贴】命令之前的"复制"或"剪切"的操作方法完全相同

    C. 【粘贴】命令和【选择性粘贴】命令中的【数值】选项功能相同

    D. 使用【选择性粘贴】命令可以将一个工作表中的选定区域进行行、列数据位置的转置

11. Excel 中第二列第三行单元格使用标号表示为( )。

    A. C2   B. B3   C. C3   D. B2

12. 快速新建工作簿,可按( )组合键。

    A. 【Shift + O】   B. 【Ctrl + O】

    C. 【Ctrl + N】   D. 【Alt + O】

13. 在 Excel 中,A1 单元格设定其数字格式化为整数,当输入"11.15"时,显示为( )。

    A. 11. 11   B. 11   C. 12   D. 11. 2

14. 当输入的数据位数太长,一个单元格放不下时,数据将自动改为( )。

    A. 科学记数   B. 文本数据

    C. 备注类型   D. 特殊数据

15. 在 Excel 2013 中,输入"(2)",单元格将显示( )。

    A. (2)   B. 2   C. −2   D. 0. 2

16. 在默认状态下,单元格中数字的对齐方式是( )。

    A. 左对齐   B. 右对齐   C. 居中   D. 两边对齐

17. Excel 中默认的单元格宽度是( )。

    A. 9. 38   B. 8. 38   C. 7. 38   D. 6. 38

18. 在 Excel 中,单元格中的换行可以按( )键。

    A. 【Ctrl + Enter】   B. 【Alt + Enter】

    C. 【Shift + Enter】   D. 【Enter】

19. 在 Excel 中,先选择 A1 单元格,然后按住【Shift】键,并单击 B4 单元格,此时所选单元格区域为( )。

    A. A1 : B4   B. A1 : B5   C. B1 : C4   D. B1 : C5

20. 将所选的多列单元格调整为等列宽的最快捷的方法是( )。

    A. 直接在列标处拖动到等列宽

B. 选择多列单元格拖动

C. 选择【开始】–【单元格】–【格式】–【列宽】命令

D. 选择【开始】–【单元格】–【格式】–【列】–【列宽】–【最合适列宽】命令

21. 当 Excel 中,编辑栏中的"×"按钮相当于(　　　)键。

    A.【Enter】　　　　　B.【Esc】　　　　　C.【Tab】　　　　　D.【Alt】

22. 当 Excel 单元格中的数值长度超出单元格长度时,将显示为(　　　)。

    A. 普通计数法　　　B. 分数计数法　　　C. 科学计数法　　　D. #######

23. 在编辑工作表时,隐藏的行或列在打印时将(　　　)。

    A. 被打印出来　　　B. 不被打印出来　　　C. 不确定　　　D. 以上都不正确

24. 在 Excel 2013 中移动或复制公式单元格时,以下说法正确的是(　　　)。

    A. 公式中的绝对地址和相对地址都不变

    B. 公式中的绝对地址和相对地址都会自动调整

    C. 公式中的绝对地址不变,相对地址自动调整

    D. 公式中的绝对地址自动调整,相对地址不变

25. Excel 2013 图表中的水平 x 轴通常用来作为(　　　)。

    A. 排序轴　　　　　B. 分类轴　　　　　C. 数值轴　　　　　D. 时间轴

26. 对数据表进行自动筛选后,所选数据表的每个字段旁都对应一个(　　　)。

    A. 下拉按钮　　　　B. 对话框　　　　　C. 窗口　　　　　D. 工具栏

27. 在对数据进行分类汇总之前,必须对数据(　　　)。

    A. 按分类汇总的字段排序,使相同的数据集中在一起

    B. 自动筛选

    C. 按任何一个字段排序

    D. 格式化

28. 若要将 Excel 2013 日期格式改为"×年×月×日",可通过选择(　　　)。

    A.【开始】/【数字】　　　　　　　　B.【开始】/【格式】

    C.【开始】/【编辑】　　　　　　　　D.【开始】/【单元格】

29. 在下列操作中,可以在选定的单元格区域中输入相同数据的是(　　　)。

    A. 在输入数据后按【Ctrl + 空格】键

    B. 在输入数据后按回车键

    C. 在输入数据后按【Ctrl + Enter】键

    D. 在输入数据后按【Shift + Enter】键

30. 如果要在 B2:B11 区域中输入数字序号 1,2,3,…,10,可选在 B2 单元格中输入数字 1,再选择 B2,按住(　　　)键不放,用鼠标拖动填充柄至 B11。

    A.【Alt】　　　　　B.【Ctrl】　　　　　C.【Shift】　　　　　D.【Insert】

31. Excel 2013 的函数不包括(　　　)。

    A. 数学和三角函数　B. 查找和引用函数　C. 文本函数　　　D. 面向对象的函数

32. AVERAGE 函数的作用是(　　　)。

    A. 加　　　　　　　B. 求最大值　　　　C. 求最小值　　　D. 求平均值

33. VLOOKUP 函数的最后一个参数值是 false, 代表(　　　)。

    A. 模糊匹配　　　　B. 精准匹配　　　　C. 最大值匹配　　　　D. 最小值匹配

34. COUNT 函数作用是(　　　)。

    A. 统计满足给定条件单元格的个数　　　　B. 统计字符的个数

    C. 统计出现数字单元格的个数　　　　D. 统计出现字符单元格的个数

35. Excel 2013 电子表格文件的扩展名是(　　　)。

    A. xls　　　　B. xlsx　　　　C. els　　　　D. elsx

36. 分类汇总前需要对分类字段进行(　　　)。

    A. 排序　　　　B. 计数　　　　C. 筛选　　　　D. 查找

37. 柱形图适合用于表示(　　　)。

    A. 数据系列中各项的大小与总和的比例关系

    B. 某个时间段内数据变化情况

    C. 数据分布情况

    D. 时间先后情况

38. 以下不属于图表元素的是(　　　)。

    A. 坐标轴　　　　B. 坐标轴标题　　　　C. 图表标题　　　　D. 系列

39. 下列关于 Excel 筛选, 表述不正确的是(　　　)。

    A. 可以进行颜色筛选　　　　B. 可以进行文本筛选

    C. 可以进行数字筛选　　　　D. 可以进行图形筛选

40. RANK 函数的作用是(　　　)。

    A. 求最大值　　　　B. 求最小值　　　　C. 求平均值　　　　D. 求排名

二、判断题

1. 在 Excel 中, 表达式"2001/1/1 > 2002/1/1"的结果是 true。　　　　(　　　)

2. 图表建立后, 仍可以在图表中修改图表标题。　　　　(　　　)

3. MIN 函数的作用是求最大值。　　　　(　　　)

4. Excel 中的排序既可以按列排序, 也可以按行排序。　　　　(　　　)

5. 可以利用自动填充功能复制函数的使用。　　　　(　　　)

6. COUNTIF 函数用于统计包含数字单元格的个数。　　　　(　　　)

7. IF 函数包含 2 个参数。　　　　(　　　)

8. VLOOKUP 函数的第一个参数代表检索数据的区域。　　　　(　　　)

9. 筛选不可以筛选出空白单元格。　　　　(　　　)

10. 文本排序是按照字母或拼音首字母先后顺序排序。　　　　(　　　)

11. 使用 Excel 函数可以直接在单元格内输入。先在单元格内输入等号, 再输入函数和参数。　　　　(　　　)

12. 函数内可以嵌套函数。　　　　(　　　)

13. 插入图表时图例可以放在图表的任意一个位置。　　　　(　　　)

14. IF 函数的第二个参数是当条件判断表达式为真时函数返回的值。　　　　(　　　)

15. 在单元格内输入"= if(1 > 2,1,2)", 按【Enter】键后单元格的值为 1。　　　　(　　　)

16. VLOOKUP 函数的第四个参数的默认值是 true。　　　　　　　　（　　）

17. 使用函数时如果结果出现"#div/0!"，有可能出现了除数为零的情况。　（　　）

18. 使用函数时如果结果出现"#name?"，有可能是函数没有输入正确。　（　　）

19. 使用函数时如果结果出现"#ref!"，有可能是引用的单元格被删除。　（　　）

20. SUM 函数的作用是求若干个数值中的最大值。　　　　　　　　　（　　）

项目五

使用 PowerPoint 2013 制作演示文稿

一、单选题

1. PowerPoint 2013 中,(　　)视图模式用于查看幻灯片的放映效果。

    A. 幻灯片模式　　　　B. 大纲模式　　　　C. 幻灯片放映模式　D. 幻灯片浏览模式

2. 在 PowerPoint 2013 中,幻灯片内的动画效果可通过"动画"菜单的(　　)命令来设置。

    A. 自定义动画　　　　B. 动画预览　　　　C. 动作设置　　　　D. 幻灯片切换

3. 以下描述正确的是(　　)。

    A. 如果将演示文稿打包后,即使没有安装 PowerPoint 2013 的机器中也可以播放幻灯片

    B. 将演示文稿打包就是将文件压缩成为 ZIP 文件,便于传递

    C. 演示文稿中,低版本的动画效果可以完全兼容高版本的动画

    D. 演示文稿可以直接保存成为 Word 文档

4. PowerPoint 2013 中,(　　)模式可以实现在其他视图中可实现的一切编辑功能。

    A. 幻灯片浏览视图　B. 普通视图　　　　C. 备注页视图　　　　D. 大纲视图

5. 在 PowerPoint 2013 中,启动幻灯片放映的快捷键是(　　)。

    A.【F1】　　　　　　B.【F9】　　　　　　C.【F5】　　　　　　D.【F4】

6. 创建新的 PowerPoint 2013 一般使用(　　)。

    A. 打开已有的演示文稿　　　　　　　　B. 空演示文稿

    C. 内容提示向导　　　　　　　　　　　D. 设计模板

7. PowerPoint 2013 中,有关复制幻灯片的说法中错误的是(　　)。

    A. 可以在浏览视图中按住【Shift】键,并拖动幻灯片

    B. 可以在浏览视图中按住【Ctrl】键并拖动幻灯片

    C. 可以在演示文稿内使用幻灯片副本

    D. 可以使用"复制"和"粘贴"命令

8. (　　)可以修改幻灯片的内容。

　　A. 备注页视图　　　B. 幻灯片浏览视图　C. 幻灯片放映视图　D. 普通视图

9. 在 PowerPoint 2013 的幻灯片浏览视图下,不能完成的操作是(　　)。

　　A. 调整个别幻灯片位置　　　　　　B. 复制个别幻灯片

　　C. 删除个别幻灯片　　　　　　　　D. 编辑个别幻灯片内容

10. 在 PowerPoint 2013 文档中能添加的对象是(　　)。

　　A. 下列三项都对　　B. 电影和声音　　　C. Excel 图表　　　D. Flash 动画

11. 下面对幻灯片打印的描述中,正确的是(　　)。

　　A. 须从第一张幻灯片开始打印

　　B. 必须打印所有幻灯片

　　C. 不仅可以打印幻灯片,还可以打印讲义和大纲

　　D. 幻灯片只能打印在纸上

12. 在 PowerPoint 2013 中,(　　)设置能够应用幻灯片模版,改变幻灯片的背景、标题字体格式。

　　A. 幻灯片放映　　　B. 幻灯片设计　　　C. 幻灯片版式　　　D. 幻灯片切换

13. 在 PowerPoint 2013 中,要更改幻灯片上对象动画出现的顺序,应在(　　)任务窗格中设置。

　　A. 幻灯片切换　　　B. 幻灯片设计　　　C. 自定义动画　　　D. 动画方案

14. PowerPoint 2013 演示文稿的扩展名是(　　)。

　　A. ppt　　　　　　　B. pptx　　　　　　C. pwtx　　　　　　D. ptw

15. 在 PowerPoint 2013 演示文稿中,错误的说法是(　　)。

　　A. 要向幻灯片中插入表格,需切换到普通视图模式

　　B. 要向幻灯片中插入表格,需切换到幻灯片浏览视图模式

　　C. 可以向表格中输入文本

　　D. 只能插入规则表格,不能在单元格中插入斜线

16. 有关幻灯片母版中页眉页脚的说法正确的是(　　)。

　　A. 页眉页脚内容只能输入时间、日期或页码

　　B. 不能设置页眉页脚的格式

　　C. 在打印幻灯片时,页眉页脚的内容也可以打印出来

　　D. 页眉页脚是加在演示文稿中的注释性内容

17. 用 PowerPoint 2013 新建文档的默认名称是(　　)。

　　A. docX1　　　　　　B. PPTX1　　　　　C. 演示文稿 1　　　D. SHEET1

18. PowerPoint 2013 中主要的编辑视图是(　　)。

　　A. 幻灯片浏览视图　　　　　　　　B. 幻灯片放映视图

　　C. 演示文稿视图　　　　　　　　　D. 普通视图

19. PowerPoint 2013 中,插入幻灯片编号的方法是(　　)。

　　A. 选择【开始】选项卡中的【幻灯片编号】命令

　　B. 选择【插入】选项卡中的【幻灯片编号】命令

C. 选择【设计】选项卡中的【幻灯片编号】命令

D. 选择【切换】选项卡中的【幻灯片编号】命令

20. PowerPoint 2013 中幻灯片能够按照预设时间自动连续地放映,应该设置(　　)选项。

    A. 排练计时　　　　　B. 动作设置　　　　　C. 观看计时　　　　　D. 自定义放映

21. PowerPoint 2013 中设置文本的字体时,要使所选择的文本字体加粗,单击快捷按钮(　　)可以实现字体加粗。

    A. A　　　　　　　　B. I　　　　　　　　C. B　　　　　　　　D. U

22. 在 PowerPoint 2013 中,(　　)命令可以用来改变某一幻灯片的布局。

    A. 字体　　　　　　　B. 背景　　　　　　　C. 幻灯片配色方案 D. 幻灯片版式设置

23. 在 PowerPoint 2013 中,对母版的修改将直接反映在(　　)幻灯片上。

    A. 当前幻灯片之前的所有　　　　　　　　B. 当前幻灯片之后的所有

    C. 每张　　　　　　　　　　　　　　　　D. 当前

24. 关于 PowerPoint 2013 的叙述,下列说法正确的是(　　)。

    A. PowerPoint 2013 是 IBM 公司的产品

    B. 打开 PowerPoint 2013 有多种方法

    C. PowerPoint 2013 只能双击演示文稿文件打开

    D. 关闭 PowerPoint 2013 时一定要保存对它的修改

25. 如要从第一张幻灯片跳转到第六张幻灯片,应使用"幻灯片放映"菜单中的(　　)命令。

    A. 自定义放映　　　　B. 自定义动画　　　　C. 动画方案　　　　　D. 幻灯片切换

26. 关闭 PowerPoint 2013 时,如果不保存修改过的文档,后果将是(　　)。

    A. 系统会发生崩溃　　　　　　　　　　　B. 下次 PowerPoint 2013 无法正常启动

    C. 刚刚修改过的内容将会丢失　　　　　　D. 硬盘产生错误

27. 演示文稿中每张幻灯片都是基于某种(　　)创建的, 它预定义了新建幻灯片的各种占位符布局情况。

    A. 母版　　　　　　　B. 模板　　　　　　　C. 版式　　　　　　　D. 视图

28. 在 PowerPoint 2013 中,用文本框工具在幻灯片中添加图片操作后,(　　)表示可添加文本。

    A. 在文本框中出现了插入点　　　　　　　B. 状态栏出现可输入字样

    C. 主程序发出音乐提示　　　　　　　　　D. 文本框变成高亮度

29. 要放映当前幻灯片,应按(　　)。

    A.【Shift + F5】　　　B.【F4】　　　　　　C.【Shift + F4】　　　D.【F5】

30. PowerPoint 2013 的图表是用于(　　)。

    A. 可视化地显示文本　　　　　　　　　　B. 可视化地显示数字

    C. 可以说明一个进程　　　　　　　　　　D. 显示组织结构

31. 在 PowerPoint 2013 中,动作按钮可以链接到(　　)。

    A. 网址　　　　　　　B. 其他文件　　　　　C. 其他三项都行　　　D. 其他幻灯片

32. 在 PowerPoint 2013 某个含有多个对象的幻灯片中,选定某对象,设置"飞入"效果后,则(　　)。

　　A. 未设置效果的对象放映效果也为飞入

　　B. 该幻灯片放映效果为飞入

　　C. 该对象放映效果为飞入

　　D. 下一张幻灯片放映效果为飞入

33. 在 PowerPoint 2013 中,可以创建某些(　　),在幻灯片放映时单击它们,就可以跳转到特定的幻灯片或运行一个嵌入的演示文稿。

　　A. 按钮　　　　　　B. 替换　　　　　　C. 过程　　　　　　D. 粘贴

34. 在 PowerPoint 2013 中,通过(　　)设置后,点击观看放映后能够自动放映。

　　A. 自定义动画　　　B. 动画设置　　　　C. 幻灯片设计　　　D. 排练计时

35. 如果要使 1 张幻灯片以"横向棋盘"方式切换到下 1 张幻灯片,应使用(　　)命令。

　　A. 超链接　　　　　B. 自定义动画　　　C. 幻灯片切换　　　D. 动作设置

36. 在 PowerPoint 2013 中,不能完成对个别幻灯片进行设计或修改的对话框是(　　)。

　　A. 背景　　　　　　B. 应用设计模板　　C. 配色方案　　　　D. 幻灯片版式

37. 为幻灯片加上飞入效果,可以使用(　　)设置。

　　A. 动画窗格　　　　B. 超链接　　　　　C. 设置放映方式　　D. 动作按钮

38. 幻灯片中占位符的作用是(　　)。

　　A. 为文本、图形预留位置　　　　　　B. 限制插入对象的数量

　　C. 表示文本长度　　　　　　　　　　D. 表示图形的大小

39. 如果希望将幻灯片由横排变为竖排,需要在(　　)中更改。

　　A. 页面设置　　　　B. 幻灯片版式　　　C. 幻灯片切换　　　D. 设计模版

40. 在 Power Point 2013 中,已设置了幻灯片的动画,如果要看到动画效果,应切换到(　　)。

　　A. 幻灯片浏览视图　B. 幻灯片视图　　　C. 幻灯片放映视图　D. 大纲视图

二、多选题

1. 在 PowerPoint 2013 中,设置幻灯片动画效果的方法有(　　)。

　　A. 设置背景　　　　B. 动画方案　　　　C. 幻灯片切换效果　D. 自定义动画

2. 关于 PowerPoint 2013 自定义动画,说法正确的是(　　)。

　　A. 可以带声音　　　B. 可以调整顺序　　C. 不可以进行预览　D. 可以添加效果

3. PowerPoint 2013 中下列有关移动和复制文本的叙述正确的是(　　)。

　　A. 文本复制的快捷键是【Ctrl + C】　　　B. 文本能在多张幻灯片间移动

　　C. 文本的剪切和复制没有区别　　　　　D. 文本在复制前,必须先选定

4. 创建新演示文稿的方式有(　　)。

　　A. 根据幻灯片版式　　　　　　　　　　B. 根据内容提示向导

　　C. 根据现有的演示文稿　　　　　　　　D. 根据设计模板

5. 下面关于在 PowerPoint 2013 中创建新幻灯片的叙述,正确的是( )。

    A. 新幻灯片可以用多种方法创建

    B. 新幻灯片的输出类型固定不变

    C. 新幻灯片的输出类型根据需要来设定

    D. 新幻灯片只能通过内容提示向导来创建

6. 在 PowerPoint 2013 中,幻灯片中建立的超级链接可以连接到( )。

    A. 其他演示文稿上   B. 其他幻灯片上

    C. 其他类型的文件上   D. 本页幻灯片上

7. 在 PowerPoint 2013 默认放映方式下,要提前终止幻灯片人工放映的方法有( )。

    A. 可按【Esc】键退出放映

    B. 鼠标双击

    C. 可按【F2】键退出放映

    D. 在幻灯片放映过程中右击,在出现的快捷菜单中选择"结束放映"命令

8. 创建新演示文稿的方式有( )。

    A. 根据现有的演示文稿   B. 根据设计模板

    C. 根据幻灯片版式   D. 根据内容提示向导

9. 在 PowerPoint 2013 中,设置幻灯片动画效果的方法有( )。

    A. 自定义动画   B. 幻灯片切换效果   C. 设置背景   D. 动画方案

10. 以下属于 PowerPoint 2013 的视图方式的有( )。

    A. 备注页视图   B. 普通视图   C. 幻灯片浏览视图   D. 幻灯片放映视图

11. PowerPoint 2013 中,下列关于在幻灯片的占位符中插入文本的叙述正确的有( )。

    A. 插入的文本文件有很多条件   B. 标题文本插入可在大纲窗格进行

    C. 标题文本插入在状态栏进行   D. 插入的文本一般不加限制

12. 有关在 PowerPoint 2013 中创建表格的说法正确的有( )。

    A. 打开一个演示文稿,并切换到相应的幻灯片

    B. 在表格对话框中要输入插入的行数和列数

    C. 单击插入菜单栏中的表格命令会弹出表格对话框

    D. 插入后的表格行数和列数无法修改

三、填空题

1. 在 PowerPoint 2013 中,一般一个演示文稿会包含多张_____。

2. 要预览幻灯片中的动画,应单击_____菜单中的【预览】命令。

3. 在放映时,若要中途退出放映状态,应按_____键。

4. 要使 PowerPoint 2013 保存的文件打开时会自动放映,可以将其保存为扩展名为_____的文件。

5. 打印讲义中,每页最多包含_____张幻灯片。

6. _____模板包含预定义的格式和配色方案,可以应用到任何演示文稿中创建独特的外观。

7. 在幻灯片中出现的虚线框称为_____。

8. 在 PowerPoint 2013 中,要使演示文档的所有幻灯片使用一致的格式和风格,可以使用 PowerPoint 2013 中的_____功能。

9. 在 PowerPoint 2013 中,母版视图分为_____、讲义母版和备注母版三类。

10. 在 PowerPoint 2013 中,要在选定的幻灯片版式中输入文字,方法是首先单击_____符,然后可输入文字。

四、判断题

1. 在 PowerPoint 2013 中可以利用内容提示向导来创建新的 PowerPoint 幻灯片。
(　　)

2. 在 PowerPoint 2013 中使用项目符号和编号,其中的项目符号是小图标,而编号则是阿拉伯数字。(　　)

3. 在 PowerPoint 2013 中,观众自行浏览放映方式将不会以全屏幕方式显示。(　　)

4. 在 PowerPoint 2013 中隐藏的幻灯片在编辑时是看不到的,只有在放映时才可以看见。
(　　)

5. 打开 PowerPoint 2013 只能从开始菜单选择程序,然后单击 Microsoft PowerPoint 2013。
(　　)

6. 在 PowerPoint 2013 中,幻灯片切换时也可以设置动态效果。(　　)

7. 在 PowerPoint 2013 中,文本的位置是不可以调整的。(　　)

8. 在 PowerPoint 中设置文本的段落格式时,可以把选定的图形作为项目符号。(　　)

9. 一张幻灯片就是一个演示文稿。(　　)

10. 若需要作者名字出现在所有的幻灯片中,应将其加入幻灯片母版中。(　　)

11. 在 PowerPoint 中,图表中的元素不可以设置动画效果。(　　)

12. 设置 PowerPoint 演示文稿的超级链接时,所链接的目标只能是同一个演示文稿中的其他幻灯片。(　　)

13. 在一个演示文稿中,可以同时使用不同的模板。(　　)

14. 在 PowerPoint 2013 中,插入占位符内的文本无法修改。(　　)

15. 在 PowerPoint 2013 中,幻灯片在放映的时候只能从第一张开始。(　　)

16. 如果 PowerPoint 2013 演示文稿中的某些幻灯片在放映时不想放映,可以使用 PowerPoint 2013 的"隐藏幻灯片"功能。(　　)

17. 在 PowerPoint 2013 中,同一对象只能设置一种动画效果。(　　)

18. 在幻灯片浏览视图中,可用鼠标拖放功能完成每张幻灯片里面各个对象的复制。
(　　)

19. 幻灯片中不能设置页眉页脚。(　　)

20. 在 PowerPoint 2013 中,文本的位置是不可以调整的。(　　)

五、操作题

利用 PowerPoint 2013 制作一份自我介绍,保存为"我的简历.pptx"。

1. 为演示文稿应用"环保"设计模板。

2. 第一张演示文稿(即封面)主标题为"个人简历",文字分散对齐,字体设置为"华文楷体、60 号字、加粗"。

3. 封面副标题为本人姓名，文字设置为"居中对齐、宋体、32 号字、加粗"。

4. 演示文稿第二页左侧使用项目符号◆做个人简历，从上至下内容分别为：姓名、年龄、性别、民族、电话、住址，如：

◆ 姓名：某某

◆ 年龄：××

……

5. 演示文稿第二页右侧插入任意一张图片，调整至合适大小。

6. 演示文稿第三页插入一张表格，如下所示：

一区队个人成绩单

	第一学年	第二学年	第三学年	第四学年
大学英语	70	75		
大学语文				80
计算机基础		68	85	

7. 将表格标题设置为"宋体、四号字、加粗、第一行文字倾斜"。

8. 拍摄一张校园风景图，将其导入该演示文稿第四页，调整大小并居中，设置动画效果为：从右侧缓慢飞入。

9. 浏览幻灯片，存盘。

项目六

学习 Access 数据库

一、单选题

1. 数据库管理系统的简称是(　　　)。

　　A. DBA 　　　　　　　　B. DBMS 　　　　　　C. DB 　　　　　　　D. DBS

2. 关系数据库的字段又称为(　　　)。

　　A. 记录 　　　　　　　　B. 行 　　　　　　　　C. 属性 　　　　　　D. 元组

3. 关于关系数据库二维表的说法,(　　　)不正确。

　　A. 不能有两条记录完全相同 　　　　　　B. 行的顺序无关

　　C. 列的顺序是固定的 　　　　　　　　　D. 记录又称元组

4. 关于 Access 的说法,不正确的是(　　　)。

　　A. Access 是微软公司开发的产品 　　　　B. Access 是 Office 软件的一个组件

　　C. Access 是一种大型的数据库 　　　　　D. Access 是一种关系数据库管理系统

5. 数据库中存储的是(　　　)。

　　A. 数据 　　　　　　　　　　　　　　　B. 数据模型

　　C. 信息 　　　　　　　　　　　　　　　D. 数据以及数据之间的关系

6. 根据给定条件,从一个关系中选出一个或多个元组构成一个新关系,这种操作称为
(　　　)。

　　A. 更新 　　　　　　　　B. 选择 　　　　　　　C. 投影 　　　　　　D. 连接

7. (　　　)是 Access 数据库文件的扩展名。

　　A. DBC 　　　　　　　　B. MDB 　　　　　　　C. IDX 　　　　　　D. DBF

8. 设置字段默认值的意义是(　　　)。

　　A. 使字段值不为空

　　B. 在未输入字段值之前,系统将默认值赋予该字段

　　C. 不允许字段值超出某个范围

　　D. 保证字段值符合范式要求

9. Access 数据库中,表的组成是(　　　)。

A. 字段和记录　　　　B. 查询和字段　　　C. 记录和窗体　　　D. 报表和字段

10. 在 Access 中,如果想要查询所有姓名为 2 个汉字的学生记录,在准则中应输入(　　　)。

A. "LIKE * *"　　　B. "LIKE ##"　　　C. "LIKE ??"　　　D. LIKE"??"

11. 若要查询成绩为 60 ~ 80 分(包括 60 和 80)的学生信息,查询条件设置正确的是(　　　)。

A. >= 60 OR <= 80　　　　　　　　B. Between 60 and 80

C. >60 OR <80　　　　　　　　　D. IN(60,80)

12. 若要查询学生信息表中"简历"字段为空的记录,在"简历"字段对应的"条件"栏中应输入(　　　)。

A. Is not null　　　B. Is null　　　　C. 0　　　　　　D. – 1

13. "订货量大于 0 且小于 9999"的有效性规则是(　　　)。

A. 订货量大于 0 且小于 9999　　　　B. 订货量大于 0 OR 小于 9999

C. >0 AND <9999　　　　　　　　D. >0 OR <9999

14. 常见的数据模型有 3 种,它们是(　　　)。

A. 网状、关系和语义　　　　　　　B. 层次、关系和网状

C. 环状、层次和关系　　　　　　　D. 字段名、字段类型和记录

15. 如果在创建表中建立字段"职工姓名",其数据类型应当为(　　　)。

A. 文本类型　　　B. 货币类型　　　C. 日期类型　　　D. 数字类型

16. 字符串用(　　　)括起来。

A. 逗号　　　　　B. 单引号　　　　C. 双引号　　　　D. $

17. 假定姓名是文本型字段,则查找名字中含有"雪"的学生应该使用(　　　)。

A. 姓名 like " * 雪 * "　　　　　　B. 姓名 like " [! 雪] "

C. 姓名 = " * 雪 * "　　　　　　　D. 姓名 = = "雪 * "

18. 下列关于 Access 查询的叙述错误的是(　　　)。

A. 查询的数据源来自于表或已有的查询

B. 查询的结果可以作为其他数据库对象的数据源

C. Access 的查询可以分析数据、追加、更改、删除数据

D. 查询不能生成新的数据表

19. 以下关于查询的叙述正确的是(　　　)。

A. 只能根据数据库表创建查询

B. 只能根据已建查询创建查询

C. 可以根据数据库表和已建查询创建查询

D. 不能根据已建查询创建查询

20. 在 Access 数据库中,表就是(　　　)。

A. 关系　　　　　B. 记录　　　　　C. 索引　　　　　D. 数据库

二、填空题

1. 数据库系统的核心是_____。

2. 在 Access 数据库表中,表中的每一行称为一个_____,表中的每一列称为一

个_____。

3. 在关系模型中,把数据看成一个二维表,每一个二维表称为一个_____。

4. Access 数据库的扩展名是_____。

5. 如果在创建表中建立字段"基本工资额",其数据类型应当是_____。

6. _____是表中能够唯一标识每条记录的字段。

7. _____是 Access 数据库中存储数据的对象,是数据库的基本操作对象。

8. 如果一个工人可管理多个设备,而一个设备只被一个工人管理,则实体"工人"与实体"设备"之间存在_____的联系。

9. 如果在创建表中建立字段"性别",并要求用逻辑值表示,其数据类型应当是_____。

10. 创建表关系字段时,应注意两个规则,分别是"可用不同的字段名称"与关系字段的_____需相同。

11. 目前常用的数据库管理系统软件有_____、_____和_____。

12. _____实际上就是在存储在某一种媒体上的能够被识别的物理符号。

13. 一个关系的逻辑结构就是一个_____。

14. 对关系进行选择、投影或联接运算之后,运算的结果仍然是一个_____。

15. 在关系数据库的基本操作中,从表中选出满足条件的元组的操作称为_____;从表中抽取属性值满足条件的列的操作称为_____;把两个关系中相同属性值的元组联接在一起构成新的二维表的操作称为_____。

16. 要想改变关系中属性的排列顺序,应使用关系运算中的_____运算。

17. Access 是功能强大的_____系统,具有界面友好、易学易用、开发简单、接口灵活等特点。

18. 在 Access 的数据表中,必须为每个字段指定一种数据类型,字段的数据类型有_____文本、备注、数字、日期／时间、货币、自动编号、是／否、OLE 对象、超链接、查阅向导。其中,_____数据类型可以用于为每个新记录自动生成数字。

19. 在输入数据时,如果希望输入的格式标准保持一致或希望检查输入时的错误,可以通过设置字段的_____属性。

20. 工资关系中工资号、姓名、职务工资、津贴、公积金、所得税等字段,其中可以作为主键的字段是_____。

参考答案

项目一

一、单选题

1～5	DCDBC	6～10	BBDDC	11～15	ACACB
16～20	BAADB	21～25	BBBDB	26～30	ADCCD
31～35	BAABD	36～40	CDDBB	41～45	BBCBC
46～50	DBAAB	51～55	BCCAA	56～60	BDDCD
61～65	BAACD	66～70	DBCDD	71～75	DBCAB
76～80	BBADB	81～85	BDDDA	86～90	BACAC
91～95	CABCC	96～100	CBDCD		

二、操作题（略）

项目二

单选题

1～5	DBDCC	6～10	BDBCA	11～15	ABCDA
16～20	BCBDA	21～25	DDAAD	26～30	BDABA
31～35	BADBC	36～40	ACADB	41～45	DCBCB
46～50	BAAAB	51～55	BBAAB	56～60	CDABD
61～65	DADAC	66～70	CDBCB	71～75	ABCCD
76～80	BBCCB	81～85	BAACB	86～90	BCCCA
91～95	BBDBC	96～100	DCBAA	101～105	CABBB
106～110	BAAAD	111～115	CABBA	116～120	CBADC
121～125	ACACD	126～130	DBBCD	131～135	ADBBD

续上表

136～140	CDCDD	141～145	AABCD	146～150	ADBCD
151～155	BBDCC	156～160	ADDCA	161～165	CBDDB
166～170	DCBBD	171～175	BABDC	176～180	BBBCB
181～185	ACBAC	186～190	BADCB	191～193	AAD

项 目 三

一、单选题

1～5	AACBC	6～10	DCCCB	11～15	DCCBC
16～20	AADDA	21～25	AAADB	26～30	ABDBD
31～35	DDABD	36～40	AADAD	41～45	BCABA
46～50	BBCCB	51～55	DDAAD	56～60	DBDCB
61～65	DDBDA				

二、多选题

1	ACD	2	ABD	3	CD
4	ABCD	5	AD	6	ABC
7	ABD	8	ABCD	9	ABCD
10	ABD				

三、判断题

1～5	××√√×	6～10	√×√××

项 目 四

一、单选题

1～5	ABDDD	6～10	ACBAC	11～15	BCCAC
16～20	BBBAC	21～25	BDBCD	26～30	AAACB
31～35	DDBCB	36～40	ABDDD		

二、判断题

1～5	×√××√	6～10	××××√
11～15	√√√√×	16～20	√√√√×

项 目 五

一、单选题

1～5	CAABC	6～10	BADDA	11～15	CBCBB

续上表

| 16～20 | CCDBA | 21～25 | CDCBA | 26～30 | CCAAB |
| 31～35 | CCADC | 36～40 | CCAAC | | |

二、多选题

1	BCD	2	ABD	3	ABD
4	BCD	5	AC	6	ABC
7	AD	8	ABD	9	ABD
10	ABCD	11	BD	12	ABC

三、填空题

1. 幻灯片　　2. 动画　　3. Esc　　4. . ppsx　　5. 9

6. 设计　　7. 占位符　　8. 主题　　9. 幻灯片母版　　10. 占位

四、判断题

| 1～5 | √××× | 6～10 | √×××√ |
| 11～15 | ××√×× | 16～20 | √××× |

五、操作题（略）

项目六

一、单选题

| 1～5 | BCCBD | 6～10 | BBBAD |
| 11～15 | BBCBA | 16～20 | CADCA |

二、填空题

1. 数据库管理系统　　2. 记录,字段　　3. 关系　　4. mdb

5. 货币　　6. 主键　　7. 数据表　　8. 一对多

9. 是/否　　10. 数据类型　　11. Access、SQL Server、Oracle

12. 数据　　13. 二维表　　14. 关系

15. 选择、投影、链接　　16. 投影　　17. 数据库管理

18. 自动编号　　19. 输入掩码　　20. 工资号